Biodun Iginla

As máquinas desejantes do capital e da tecnologia

Biodun Iginla

As máquinas desejantes do capital e da tecnologia

Imprint

Any brand names and product names mentioned in this book are subject to trademark, brand or patent protection and are trademarks or registered trademarks of their respective holders. The use of brand names, product names, common names, trade names, product descriptions etc. even without a particular marking in this work is in no way to be construed to mean that such names may be regarded as unrestricted in respect of trademark and brand protection legislation and could thus be used by anyone.

Cover image: www.ingimage.com

This book is a translation from the original published under ISBN 978-3-659-85917-5.

Publisher:
Sciencia Scripts
is a trademark of
Dodo Books Indian Ocean Ltd. and OmniScriptum S.R.L publishing group

120 High Road, East Finchley, London, N2 9ED, United Kingdom
Str. Armeneasca 28/1, office 1, Chisinau MD-2012, Republic of Moldova, Europe
Printed at: see last page
ISBN: 978-613-9-88561-9

Para Tamara Kachelmeier, com amor

Conteúdo

Introdução

Montar as máquinas: Uma história contemporânea

O capitalismo e a tecnologia, <u>trabalhando</u> um para o outro, como
o monstro bicéfalo Jano e também como um condomínio
transnacional, criaram ambos várias máquinas que nos escravizam
a todos, transformando a vida humana na Terra. O que se segue é
um breve esboço histórico de como o capital e a tecnologia
provocaram esta situação.

A partir de meados da década de 1970 e até ao início da década de
1980, no Ocidente, o processo capitalista atribuiu valor à
informação (e ao conhecimento): isto é, o capital valorizou a
informação como uma forma de trabalho e de mercadoria.
Em suma, no processo capitalista, o que é valorizado é o que pode
ser trocado: ou seja, uma forma de mercadoria é o que tem valor
de troca. A partir do momento em que este processo passou a
valorizar as palavras e as ideias, em detrimento dos bens
materiais, o novo tempo do capital, munido da nova força de
trabalho (informação), começou a libertar-se do tempo do
trabalho concreto. Como resultado, o capitalismo passou a

preocupar-se menos com a organização do espaço em sectores funcionais do que com a subsunção da totalidade do tempo às suas próprias leis de troca desigual.

Este novo processo rompeu o pacto entre o capital e o trabalho, que era na realidade um acordo entre o trabalho, a direção e o Estado; ou seja, com a cooperação do trabalho e da direção, o Estado arbitrava e regulava a produtividade, os salários e os lucros. Antes da implementação deste novo sistema, a produção de bens de consumo desenvolvia o consumo de massas (por outras palavras, a oferta funcionava para criar a procura). Neste modelo, os trabalhadores domésticos americanos tornavam-se consumidores das mercadorias que produziam (citando Henry Ford: "Os nossos trabalhadores também deviam ser nossos clientes").

No entanto, em meados da década de 1970, a saturação dos mercados internos de bens de consumo levou à expansão do capital para os países do terceiro mundo. Esta expansão era necessária para que estes bens pudessem ser produzidos e consumidos por uma mão de obra urbana do terceiro mundo que era abundante e estava pronta para trabalhar, mas que não estava organizada e, portanto, não era cara. Estes novos modos de produção, consumo e distribuição levaram ao estabelecimento de Zonas Francas de Produção (as chamadas ZFP) e de Zonas de Processamento de Exportação (as chamadas ZPE) no contexto da nova divisão internacional do trabalho e do capital transnacional imperial.

O capital tornou-se extremamente fluido, corroendo, em certa medida, as fronteiras e as funções do Estado-nação tradicional: não há restrições ao investimento e às transferências de capital do primeiro mundo, uma vez que os governos do terceiro mundo estavam ávidos de receitas do primeiro mundo e as empresas transnacionais do primeiro mundo estavam ávidas de mão de obra barata do terceiro mundo. Uma relação verdadeiramente simbiótica, que, por sua vez, conduziu a este fenómeno contraditório: O condomínio formado pelos agentes imperiais (do primeiro mundo) e pelas elites locais (do terceiro mundo) necessitava, ao mesmo tempo, de um Estado-nação fraco em relação ao capital (para não impor restrições à fluidez do capital) e de um Estado-nação forte em relação ao trabalho (para garantir uma mão de obra doméstica carente, através, entre outras tarefas, da imposição de impostos e de outras medidas, como o sobrepreço, punitivas para os pobres). No início da década de 1990, o GATT (Acordo Geral sobre Comércio e Tarifas, transformado em OMC, Organização Mundial do Comércio) e o NAFTA (Acordo de Livre Comércio da América do Norte) simplesmente formalizaram uma situação que já existia desde meados e finais da década de 1970 e, mesmo assim, as disposições e regulamentos não chegavam nem perto de reconhecer a extraordinária transferência óptima de capital, bens e pessoas que prevalecia antes. Isto explicaria os debates confusos e apaixonados sobre o NAFTA, a OMC e, especialmente, o de 2000 nos EUA sobre a admissão da China na OMC, que foram bastante confusos, atravessando divisões ideológicas com estranhos companheiros de cama - como os sindicatos e os republicanos conservadores.

Repetindo: este novo sistema de capital começou a trabalhar para a livre circulação de seres humanos, mercadorias e informação.

As pessoas cuja profissão envolve a produção, a análise e a circulação de dinheiro, palavras, códigos, dados, áudio, vídeo e imagens (a multidão dot.com, editores, escritores, produtores de filmes, fornecedores de conteúdos dos meios de comunicação social, designers, banqueiros de investimento, cambistas e até vendedores, graças ao comércio eletrónico, ao e-Bay e outros (não esqueçamos que as vendas costumavam depender do "face-time") podem viver e trabalhar em qualquer parte do mundo, desde que estejam ligados por cabo, para instituições não necessariamente localizadas onde vivem e trabalham.

A título de exemplo: Sou um escritor freelancer que produz conteúdos para os novos meios de comunicação social nos EUA e no mundo. Também faço investigação básica para instituições culturais, como museus e editoras de livros. A maior parte do meu trabalho diário consiste em escrever ensaios e recensões e ler livros, manuscritos prestes a serem publicados, os chamados jornais de opinião na política e nas artes, jornais académicos (por vezes bastante jargónicos), jornais diários e semanais e investigação persistente - através de hiperligações - que faço sobretudo online: Isto significa essencialmente que posso fazer a maior parte do meu trabalho em qualquer parte dos EUA e do mundo - desde que tenha um computador com acesso à Internet. Envio e recebo projectos como anexos no respetivo correio eletrónico baseado na Web, que pode ser acedido em qualquer parte do mundo, desde que eu tenha acesso a um computador com ligação à Internet. Descarrego ou carrego materiais da e para a minha estação de trabalho em linha (http://www.fusionone.com) e depois trabalho neles, pelo que não tenho de me preocupar muito com disquetes perdidas ou discos rígidos avariados.

De facto, considero-me mais ou menos morto se estiver offline durante mais de vinte e quatro horas. Os meus clientes depositam eletronicamente os meus cheques na minha conta bancária de débito em linha. E quando viajo pelos EUA e pelo mundo, levo apenas o meu cartão multibanco que também serve de cartão VISA. Comunico com amigos e familiares sobretudo por correio eletrónico, que é a única forma fiável de me contactar, uma vez que posso estar em qualquer parte do mundo a qualquer momento. A minha vida eletrónica, por assim dizer, é uma mistura de IDs de utilizador, palavras-passe, bilhetes de avião electrónicos, cartões de embarque electrónicos, placas de identificação de companhias aéreas, tomadas de aeroporto para o meu computador portátil e vários fusos horários.

De facto, no único período em que voei tão frequentemente entre fusos horários, deixei de acreditar no jetlag: Voei tantas vezes que passei a habitar o meu próprio fuso horário. (Há alguns meses, uma amiga que trabalha para a National Public Radio passou uma semana no Pólo Norte. Ela enviou-me um e-mail de lá. Em resposta, perguntei-lhe qual era o seu fuso horário. Ela respondeu-me por e-mail: O meu fuso horário é o que eu quiser que seja. Claro! pensei eu). Durante esse período, acordei uma manhã em Tóquio, almocei à tarde em Hong Kong e dormi essa noite em Nova Iorque. E o meu apartamento de tijolo e argamassa em Nova Iorque fica no quadragésimo andar, com uma vista panorâmica sobre a maior parte do West Side de Manhattan e Nova Jérsia, de modo que, por vezes, à noite, quando estou a adormecer em frente à televisão, junto à janela da sala de estar, tenho a ilusão de estar num avião a sobrevoar a cidade, a descer e a ver um filme de bordo. No seu livro *Global Souls: Jetlag.*

Shopping Malls, and the Search for Home, Pico Iyer descreve experiências semelhantes de uma vida vivida em velocidade, mas estou a adiantar-me. Mais sobre velocidade está para vir).

Enquanto no modelo anterior do capital, o tempo e os corpos estavam ligados ao espaço de produção do trabalho, atualmente, o tempo e os corpos foram libertados do espaço de produção. De certa forma, como Paul Virilio salientou: Não importa onde estão os nossos corpos, porque quando estamos ligados, estamos na teletopia, e a esfera de influência do corpo, num registo, está reduzida à produção ou ao zapping de sinais. Assim, a informação (o conhecimento) tornou-se um fator de produção que pode ser quantificado: por outras palavras, tornou-se uma mercadoria.

O capital e a tecnologia trabalharam em conjunto para produzir uma teletopia onde a duração do tempo e a extensão do espaço foram suplantadas pela velocidade absoluta do tempo do capital, a velocidade do tempo-luz (isto é, o tempo que leva a transmitir dados: a velocidade da luz - que é de 678 milhões de milhas por hora). No início do terceiro milénio, o condomínio capital-tecnologia libertou completamente a vida humana das fronteiras do espaço e aboliu a necessidade de viajar.

A partir deste ponto, a tarefa do capital é assegurar uma mobilização óptima da informação e, do nascer ao pôr do sol, e também durante a noite, trabalhar contra a viscosidade de um corpo social complexo que possa dificultar esta mobilização (por exemplo, movimentos sociais, intelectuais radicais, os sem-abrigo, etc.).

Em 2000, a Bolsa de Valores de Nova Iorque [NYSE] e a NASDAQ anunciaram que ficariam abertas durante a noite - fecham agora às 4:00 EST. Tendo em conta o novo regime do Capital, fiquei surpreendido por ter demorado tanto tempo para que estas principais bolsas de valores dos EUA decidissem e pensassem em ficar abertas à noite. É apenas uma questão de tempo até que as bolsas fiquem abertas 24 horas por dia, 7 dias por semana. Os corpos humanos dormirão, claro, mas por sua conta e risco, uma vez que as máquinas do Capital ficarão acordadas para sempre. Um amigo, que é programador web e também corretor de acções, disse-me recentemente: "A história já era!" E eu concordei, porque, como o Capital opera com velocidade e sobre-exposição, a história - incluindo o que a subentende, a memória - é mais ou menos elidida. De facto, a história torna-se um luxo a que só os subexpostos se podem permitir.

Neste momento, e desde há algum tempo, temos a excecional fluidez das pessoas, das riquezas e das palavras. Devemos entender a expressão "capital cultural" neste duplo sentido de capital e de conhecimento. A lei de mercado das mercadorias controla, portanto, a difusão (e até o próprio domínio) das ideias. (A título de curiosidade, a Internet destituiu a academia - sobretudo nos Estados Unidos - como "espaço" privilegiado de produção, circulação, consumo, discussão e debate de conhecimentos e ideias.

Hoje em dia, o tipo de conhecimento que os académicos produzem não passa de um balão no fluxo de informação e conhecimento que circula todos os dias pela Internet. De certa forma, este conhecimento académico perdeu algum do seu valor em bolsa, passou por uma "correção", para utilizar a linguagem da bolsa. E com a criação de várias universidades virtuais por editores de livros e empresários do sector privado, a editora de livros escolares Harcourt General criou a sua própria "universidade" em 2000, onde, evidentemente, a maior parte das leituras obrigatórias serão feitas a partir dos livros que figuram no seu catálogo em linha. Assim, muito em breve, por detrás de cada universidade virtual estarão os fantasmas de, digamos, 200 professores, ou ETIs, na linguagem administrativa universitária).

Para divagar um pouco num longo parêntesis: Permitam-me que reitere tudo isto no quadro de uma das indústrias em que costumava trabalhar, a da edição de livros, em que os editores e as editoras são mais ou menos corretores culturais e produtores de acções de conhecimento na bolsa de valores intelectual: O custo de produção da informação (conhecimento, neste caso encadernado em forma de livro), medido no tempo necessário à sua formulação e compreensão (escrita, aquisição, reescrita, edição - função do departamento editorial), deve ser minimizado (composição - função do departamento de produção), enquanto o seu valor de troca é aumentado pela multiplicação de referências, permitindo-lhe chegar a um público alargado (publicidade, propaganda - função do departamento de marketing). Fim do parêntesis.

Para retomar o fio à meada: Antes do aparecimento deste novo sistema de capital, o trabalhador tradicional deslocava-se todos os dias do "espaço" da casa para o do trabalho e vice-versa, do trabalho. Agora já não fazemos distinção entre "casa" e "trabalho". Estamos todos completamente escravizados pelo tempo e pelo capital, livres para investir em nós próprios, com as várias máquinas à nossa disposição para produzir tempo valorizado, isto é, dinheiro como tempo poupado e armazenado através do trabalho. Recordemos Ben Franklin: "Tempo é dinheiro e dinheiro é tempo"). Todos nos tornámos um novo "capital humano", produzindo agora tempo valorizado para consumir o tempo valorizado. O tempo valorizado é simplesmente o que é vulgarmente conhecido como tempo de lazer (noites livres, férias, dias livres, licenças), mas que agora também é escravizado pelo capital, uma vez que gastamos dinheiro durante o nosso chamado tempo de lazer.

Este capital humano é o "funcionário público" por excelência do tempo e do capital: A antiga fábrica está agora dispersa pela cidade, e o trabalho na fábrica e a vida na cidade tornaram-se indistinguíveis. O tempo colonizou completamente o espaço, invadiu até o espaço doméstico: Pace, o freelancer ou consultor que trabalha em casa, no chamado "home office", ligado ao computador, ao Wi-Fi, à Internet, etc.; e o funcionário ligado a uma instituição que "leva trabalho para casa" ou que "trabalha em casa", etc.

O capital criou assim a pior prisão de todas: fechou o tempo. Em primeiro lugar, o Capital libertou o tempo do espaço de produção, e só então o Capital foi capaz de capturar o tempo e afectá-lo às suas próprias leis de produção e consumo. Posteriormente, o tempo tornou-se o único fator na produção e no consumo de mercadorias. No mundo das "dot-com", por exemplo, a informação (dados, códigos, vídeo, áudio, textos) é a mercadoria suprema. Estruturalmente, o Tempo também se tornou o único fator de produção e consumo de Tempo: Por exemplo, tive de comprar algum tempo de licença (com o tempo que tinha poupado) para poder pensar, escrever, cortar e colar, reescrever, editar e imprimir este ensaio na minha máquina.

O capital forneceu o Tempo utilizado para produzir e poupar

Tempo, o Tempo poupado sujeito à lei das mercadorias. Uma pessoa é rica porque tem mais tempo poupado (ou seja, dinheiro), e uma pessoa é pobre porque tem menos tempo poupado (ou seja, dinheiro). De acordo com este paradigma, os pobres ou os sem-abrigo ou os não qualificados ou os desempregados não têm tempo valorizado, nem tempo armazenado, mas apenas tempo "real ou efetivo" nu que nenhum empregador quer comprar, por vezes mesmo com desconto: por outras palavras, os sem-abrigo ou os desempregados ou os não qualificados têm apenas o seu próprio tempo nu para desperdiçar). No entanto, tanto o empregador como o empregado são escravizados pelo tempo e pelo capital; ambos estão incorporados na máquina do capital transnacional: O primeiro simplesmente tem mais dinheiro à sua disposição para comprar mais máquinas que lhe permitam produzir e poupar mais tempo para desfrutar (consumir) mais tempo, e assim por diante.

Onde antes retirávamos a nossa dignidade do trabalho, agora queremos participar no brilho do capital. Desejamos a nossa própria prisão pelo capital, por assim dizer.

Tornámo-nos máquinas desejantes de capital, tempo e tecnologia.

Este capital humano empenha-se na maximização óptima do tempo e é altamente competente naquilo a que vulgarmente se chama "multi-tarefas". Este capital humano, que viaja de avião à volta do mundo para estabelecer contactos, usa um telemóvel com um auricular e fala para um microfone acoplado enquanto fala com os seus contactos, falando para o ar, por assim dizer. Transporta um computador portátil enquanto procura uma tomada aberta durante uma escala no aeroporto - esse espaço máximo de transição que também colapsa os intervalos temporais. Por vezes, vemo-la em cafés a trabalhar no seu computador portátil enquanto fala ao telemóvel e bebe um café com leite. Em todos estes "espaços", ela trabalha num "ambiente" que não tem qualquer relação com o tempo real enquanto tal: Por outras palavras, existe agora uma distinção entre o "tempo presente" (o tempo presente para o espetador no ecrã do computador) e o tempo "real".

A título de exemplo: Tenho um amigo que vive em Nova Iorque. Ele é um corretor que negoceia em moeda estrangeira para uma pequena empresa de corretagem em Wall Street. Tem um Quotron no escritório da sua casa em Park Slope, em Brooklyn. Conta-me que, por vezes, está acordado por volta das 3 da manhã a verificar as transacções em Londres, Paris e Frankfurt. Por volta das 19 horas de Nova Iorque, o mercado de Tóquio está aberto, uma vez que o fuso horário de Tóquio está cerca de catorze horas à frente do de Nova Iorque. Por vezes, intervém nesse preciso momento para negociar e transferir divisas. O tempo em Tóquio, Londres e Frankfurt está presente para ele no ecrã do seu monitor, onde vive, no seu tempo real em Brooklyn. O nosso ponto de vista será em breve discutível: Como já referi, tanto o Dow Jones de Nova Iorque como o Nikkei de Tóquio irão em breve sobrepor-se durante algumas horas nas noites dos dias de semana, para sustentar a velocidade do Capital - que pena para os corretores cujos corpos estarão a dormir durante essas horas!

Encontrei um capital humano numa noite de sábado, em agosto de 2000, no LAX - quando cheguei a Los Angeles para a Convenção Nacional Democrata - em frente ao Terminal Internacional Tom Bradley (TBIT, na linguagem popular, onde os fusos horários colidem e se fundem uns nos outros: O TBIT é a porta de entrada dos voos do sudeste asiático para os EUA e a porta de saída dos EUA para o exterior; por isso, nas poucas vezes que lá estive, algumas pessoas estavam a tomar o pequeno-almoço, outras a almoçar e outras a jantar). Tinha trinta e poucos anos e tinha acabado de chegar a LA, de regresso a casa, vinda de Taipé, onde tinha estado durante dez dias. Trazia apenas três malas de tamanho médio e eu sei reconhecer uma mala de portátil quando a vejo. Conversámos enquanto esperávamos que o autocarro G-Bus nos ligasse ao metro. Disse-me que podia dar-se ao luxo de viajar com tão pouca bagagem - mesmo no estrangeiro - durante longos períodos de tempo porque leva "roupa de viagem", do tipo que se lava no quarto de hotel e que seca em menos de cinco minutos. "Viajo tantas vezes de avião que já não acredito no jetlag", disse-me ela - enquanto o vaivém arrancava - um pouco alegremente, de coração e, segundo nos pareceu, triunfantemente.A captura do Tempo pelo Capital é exemplificada pela vida na metrópole contemporânea, que analiso no Capítulo 1.

CAPÍTULO 1

A máquina da cidade

A cidade contemporânea tornou-se um terreno fluido de múltiplas linhas de voo, bem como uma zona mutável de intensidades e forças, marcada por sinais e indicadores que apontam para todas as direcções e trânsitos possíveis, muito semelhante a um aeroporto. Agora, cada vez mais, os nossos aeroportos parecem cidades, com bancos, "complexos" de escritórios, igrejas, centros comerciais, restaurantes, bares, canais especiais de televisão, "parques" e passadiços.

A cosmopolis está "sobreexposta" no sentido de que fala Paul Virilio: Se nesta altura podemos mesmo dizer que esta cidade ainda ocupa um pedaço de espaço, uma posição geográfica, já não corresponde certamente à antiga distinção entre cidade e campo ou à distinção entre centro e subúrbio. A convergência digital das telecomunicações e da informática (as chamadas novas tecnologias) na "cidade sem limites" dissolveu a própria distinção entre cidade-subúrbio-rural, corroendo os limites da cidade.

O espaço construído existe agora numa topologia eletrónica, e as antigas distinções entre público e privado, habitação e circulação, foram deslocadas por uma sobre-exposição que apaga a extensão do espaço e a duração do tempo.

A representação da Cosmopolis contemporânea já não é determinada pela grelha espacial de ruas e avenidas: Neste momento, a cidade é determinada pelo "espaço-tempo" tecnológico, com as suas redes, os seus sistemas de auto-estradas electrónicas, onde a interface homem-máquina substitui as fachadas dos edifícios e as superfícies do solo em que se encontram. Antes do advento das novas tecnologias, a vida na cidade era determinada pelas alternâncias circadianas do dia e da noite. Agora, porém, que não só abrimos as persianas como ligamos os monitores de televisão e de computador, a própria luz do dia foi alterada. Ao dia solar da astronomia e à noite da eletricidade junta-se um dia eletrónico artificial, cujo único calendário se baseia no teletrabalho da informação (conhecimento do ritmo) que não tem qualquer relação com o tempo real. Por outras palavras, existe agora uma distinção entre o "tempo presente" (no ecrã do monitor) e o "tempo real", de que falei na

Introdução com o exemplo do meu amigo corretor de Brooklyn.

A cidade sem limites como deserto contemporâneo, assombrada e invadida por nómadas transnacionais (ou pós-nacionais), tornou-se também uma teletopia onde a duração do tempo e a extensão do espaço foram suplantadas pela velocidade absoluta do tempo do capital; ou seja, num registo, a cidade tornou-se agora espaço virtual subsumido pelo tempo do capital: a cidade transformada em deserto sobreexposto ao tempo-luz da velocidade.

Referi que a tecnologia e o capital produziram a cidade digital. Também já indiquei, ainda que de forma algo oblíqua, que as máquinas visuais presidem a esta cidade digital. Ora, se o cinema, no seu sentido mais estrito, apaga a duração convencional do tempo e a extensão do espaço, então, neste início do século XXI, vivemos definitivamente um quotidiano cinematográfico nómada, preso aos ecrãs dos nossos vários monitores. Na verdade, poderíamos muito bem ser os replicantes (com implantes de memória: memórias do ecrã de ritmo) do filme *Bladerunner* de Ridley Scott, de 1982, ou seja, somos peças escravizadas pela máquina do Capital num vasto terreno tecnológico de tempo-luz.

Gostaria agora de descrever estas máquinas visuais na Los Angeles digital de *Bladerunner* de Ridley Scott.

O filme de Ridley Scott, de 1982, fracassou nas bilheteiras mas, alguns anos depois da sua estreia, tornou-se um filme de culto não só no mundo do cinema mas também entre uma certa geração de citadinos que cresceram no ciberespaço. O filme tornou-se um filme de culto entre os conhecedores de alta tecnologia por razões que espero que fiquem claras nas próximas páginas. Mas por agora: os filmes de ficção científica mais eficazes são aqueles que misturam elementos do familiar com o não familiar e, no caso de *Bladerunner,* a sua Los Angeles era demasiado familiar e, no entanto, vimos nesse filme ingredientes perturbadores do nosso futuro humano. Escolhi analisar este filme porque a sua Los Angeles meio ruinosa, meio high-tech, cosmopolita, multicultural, tecno-saturada e diaspórica revela uma direção que as máquinas do capital e da tecnologia nos podem levar.

Blade Runner abre com uma cena panorâmica, com um plano

panorâmico de uma vasta megalópole de alta tecnologia, repleta de neblinas e feixes de luz artificial e enormes monitores a transmitir anúncios gigantes.

O filme articula um mundo em que os monitores são uma parte omnipresente e hegemónica da vida. (Ao longo do resto deste capítulo, o termo "monitor" - estou a assumir a sua função e agência interactivas - sublinha a fusão completa da tecnologia informática, televisiva e de telecomunicações atualmente em curso com, por exemplo, a web-TV, as estações de trabalho de difusão dos media e os noticiários online dos novos media. Na verdade, esta fusão está atualmente a ser utilizada pela indústria dos novos meios de comunicação e estará disponível para os consumidores quando os responsáveis das empresas se reunirem e fundirem os seus recursos - como fizeram a Time-Warner, a AOL e a CNN há dois anos)

Os monitores enquadram o protagonista, Deckard-Harrison Ford, quando o vemos pela primeira vez, e alinham-se nas ruas como candeeiros. Os seus ecrãs brilhantes iluminam todos os interiores do filme. O labirinto semiótico do filme envolve um imaginário complexo de olhos e ecrãs. *Bladerunner* coloca Los Angeles como a cidade pós-contemporânea por excelência e apresenta um pastiche (e uma fratura) da temporalidade nos seus elementos arquitectónicos. O plano de abertura do filme é um panorama de uma cidade em claro-escuro. A cidade é uma silhueta de arranha-céus e pontos de luz contra nuvens cinzentas. As chaminés de fumo lançam chamas, e relâmpagos, explosões e piões pontuam o horizonte. A seguir, aparece um olho enorme que preenche todo o ecrã e reflecte a paisagem urbana. Outra imagem da cidade mostra uma pirâmide na base de uma coluna de luz, e depois o mesmo olho sem nome.

O olho devolve-nos o olhar e também espelha o nosso olhar. Mostra-nos os reflexos da cidade que eram, há um momento, reflexos do ecrã de cinema nos nossos próprios olhos. Pouco depois, a cena de abertura, o interrogatório de Leon, é-nos repetida três vezes, à medida que Deckard-Ford a utiliza na sua investigação. Os ecrãs são reflectidos no ecrã maior, o próprio filme, e Deckard-Ford observa connosco o que já vimos. Esta cena explica a presença de uma câmara durante a cena de abertura, integrando-a na narrativa.

Todas as personagens principais do filme são nómadas: Deckard-Ford, o Blade Runner (que o filme sugere poder ser um replicante); Zora-Joanna Cassidy; Pris-Daryll Hannah; Leon; Roy-Rutger Hauer - quatro replicantes que escaparam do Outro Mundo e são agora nómadas na Terra; e Rachel-Sean Young - a vitrina quase humana do replicante Tyrell. A visão no filme faz parte do sistema do Capital. O cinema e os seus precursores alargaram o campo do visível e transformaram a experiência visual numa mercadoria. Em *Bladerunner*, o Capital constrói um regime visual que escraviza toda a gente. As luzes de néon e os anúncios publicitários dominam a Los Angeles do filme, uma teletopia distópica onde o capital e a tecnologia constituem um conglomerado do tipo Janus.

As empresas descobriram como funcionam os olhos e produzem-nos em massa. Chew, o fabricante de olhos, usa uma engenhoca de óculos maluca para fazer o seu trabalho. As pessoas nas ruas usam óculos com luzes intermitentes e Roy provoca J.F. Sebastian com um par de olhos de vidro. Os replicantes parecem considerar a visão sagrada. Num ato de vingança terrível, Roy procura Tyrell no seu apartamento e rebenta-lhe os globos oculares com os polegares. E num dos momentos mais poderosos do filme, Roy, perto da morte, descreve as inúmeras maravilhas que viu: *"Vi coisas que vocês, humanos, não acreditariam. Naves de ataque a arder no ombro de Orion. Vi raios C a brilhar no escuro perto do portão Tennhauser. Todos esses momentos vão perder-se no tempo... como lágrimas na chuva."*

Duas máquinas visuais principais enquadram o filme: A máquina Voight-Kampff que aparece na cena de abertura com Leon e Holden e que é usada mais tarde para descobrir que Rachel-Sean Young é uma replicante. Esta máquina é uma forma muito avançada de detetor de mentiras que mede as contracções do músculo da íris e é utilizada principalmente pelos Blade Runners para determinar se um suspeito é verdadeiramente humano, medindo o grau da sua resposta empática através de perguntas e afirmações cuidadosamente formuladas. O investigador coloca questões sobre várias situações hipotéticas e, à medida que o sujeito responde, o investigador observa um ecrã que mostra o olho do sujeito, bem como dois ecrãs mais pequenos e várias leituras.

A máquina Voight-Kampff é uma alegoria ameaçadora da forma como vemos. Reduz o olho a um objeto puramente físico, a ser completamente compreendido pela ciência e examinado pelo que pode revelar sobre os nossos pensamentos. O Esper é a outra máquina visual principal, que Deckard Ford utiliza no seu quarto para mobilizar a fotografia de Leon da mesma forma que o cinema mobiliza as imagens naquilo a que Deleuze chamou tempo-movimento.

O Esper disseca a fotografia para a investigação de Deckard. Com comandos de voz, vai dissecando-a, fazendo zoom sobre uma secção, passando para outra, revelando pormenores cada vez mais minúsculos. De facto, o ecrã de navegação da máquina também se assemelha a um jogo de vídeo, constituído por um diagrama da paisagem com grelhas sobrepostas.

As grelhas são uma função da tecnologia visual, um mapeamento do espaço dentro do quadro sobre si mesmo. Em *Bladerunner,* a realidade é compartimentada e observada através de um ecrã de linhas horizontais e verticais (que estão igualmente implícitas nas bordas dos monitores). A grelha concretiza as máquinas visuais. Ridley Scott criou uma imagem particularmente memorável no monitor do dirigível que paira sobre Los Angeles. A certa altura, o dirigível é visto através da grelha

que é a rede da extensa claraboia do sombrio apartamento loft de J.F. Sebastian no Edifício Bradbury. (Curiosamente, o Edifício Bradbury foi construído em Los Angeles em 1893, prefigurou o centro comercial moderno e foi inspirado num romance de viagens no tempo, *Time- Machine* de H.G. *Wells}.*

O dirigível é enorme e está coberto de luzes intermitentes. Pelo menos dois grandes monitores transmitem anúncios para colónias "fora do mundo", mostrando o logótipo da Coca-Cola e uma gueixa que sorri, come uma cereja ou fuma um cigarro. *O mundo dos anúncios, do ruído e das luzes de néon de Bladerunner* extrapola a nossa dependência dos monitores. O filme articula um paradoxo de subjetividade, desde o olho que se abre ao dirigível

monstruoso até ao monitor na casa de banho de Deckard. Os

ecrãs, tal como os olhos, observam-nos, devolvem-nos o olhar.

Bladerunner interroga o prazer visual e a representação, que mais

se aproxima da superfície do texto nas fotografias que os

replicantes coleccionam. Estas fotografias são mapas de um

verdadeiro ecrã, réplicas de uma realidade que um dia se

apresentou aos olhos de alguém. Os monitores convidam ao

mesmo tipo de vertigem, apresentando uma emoção do real, ou

uma estética do hiper-real, uma emoção de exatidão vertiginosa e

falsa.

As emoções hiper-reais vertiginosas recordam outro filme

passado em Los Angeles, desta vez no último dia do milénio,

Strange Days, de Kathryn Bigelow, de 1995, em que a

personagem principal, Lenny-Ralph Fiennes, vende playbacks,

emendas de vídeo das experiências emocionantes da vida de

outras pessoas vistas do ponto de vista do gravador. A narrativa e

o espírito político de *Strange Days* foram inspirados em

acontecimentos reais ocorridos em Los Angeles, o incidente com

Rodney King, captado em vídeo amador, e os tumultos que se lhe seguiram, ambos amplamente divulgados nos meios de comunicação digitais nos EUA e no mundo.

Já percebemos: Los Angeles é o exemplar da cidade digital: a cidade que Mike Davis, na sua *City of Quarz*, descreve como completamente construída a partir do deserto sob um regime visual político e económico; a cidade sem limites, uma vez que o deserto contemporâneo, assombrado e invadido por nómadas transnacionais e replicantes contemporâneos, se tornou uma teletopia onde a duração do tempo e a extensão do espaço foram suplantadas pela velocidade absoluta do tempo do capital; ou seja, num registo, Los Angeles tornou-se mais ou menos um espaço virtual subsumido pelo tempo do capital: a cidade transformada do e no deserto sobreexposto ao tempo-luz da velocidade - onde vagueiam os nómadas transnacionais. O nómada transnacional é certamente um subproduto das máquinas do capital e da tecnologia. Dedico o próximo capítulo a este capital humano.

CAPÍTULO 2

Os nómadas contemporâneos

Este capítulo começará por traçar o desenvolvimento e a
emergência da pessoa diaspórica contemporânea (identificada
aqui como o nómada transnacional), distinta da pessoa diaspórica
histórica tradicional (identificada aqui como o "migrante" ou
"exilado"): um desenvolvimento tornado possível pela ofensiva
estrutural do capital transnacional cuja história contemporânea já
descrevi.

Defendo que as pessoas cosmopolitas contemporâneas em todo o
lado são diaspóricas, ou seja, estão em dispersão. Para os meus
propósitos, a Cosmopolis significa Nova Iorque, Toronto, Roma,
Londres, Paris, Berlim, Sidney, Miami, São Francisco, Los
Angeles, ou qualquer megalópole (ou cidade digital mundial) com
uma mistura demográfica considerável de cidadãos do primeiro
mundo e cidadãos imigrantes de origem terceiromundista. Para
esclarecer: os migrantes económicos e os exilados políticos
continuam a atravessar as fronteiras dos Estados-nação, é certo,

mas o que pretendo argumentar, em última análise, é que a subjetividade nómada tem ramificações epistemológicas e políticas para os empreendimentos teóricos pós-milenares. Comecemos pelo contexto histórico. A palavra grega diáspora, que significa dispersão, foi usada pela primeira vez por Tucídides em A Guerra do Peloponeso para descrever o exílio da população de Aegina (Pace, a palavra grega *oikos,* que significa casa, e *barbarus,* estrangeiro, o etimónimo de "bárbaro"). A palavra hebraica *galut* foi utilizada no Antigo Testamento para designar o exílio forçado dos judeus de Jerusalém para a Babilónia em 586 a.C.. Mais tarde, o termo foi utilizado no sentido de dispersão para descrever as comunidades cristãs espalhadas pelo Império Romano antes de este adotar o cristianismo como religião de Estado. O uso tradicional de "diáspora" é frequentemente associado ao povo judeu.

Mas quando o termo é aplicado a outros grupos religiosos ou étnicos, torna-se imediatamente evidente como é difícil, em muitos casos, encontrar uma definição que faça uma distinção clara entre migração e diáspora, ou entre minoria e diáspora. Por exemplo, a palavra diáspora não é utilizada quando se discute a presença de imigrantes britânicos na Austrália, Nova Zelândia, África do Sul, Zimbabué, Quénia, Canadá e EUA. A palavra também não é aplicada às muitas colónias alemãs na (então) Europa Central e Oriental e em vários países da América Latina. O geógrafo Pierre George utiliza antes a expressão "minorias de superioridade" para se referir a estes migrantes e exilados que continuam a manter a sua identidade de alemães, que consideram culturalmente superiores.

As noções ocidentais (tradicionais) de diáspora podem ser definidas de três maneiras: primeiro, como a dispersão colectiva forçada de um grupo religioso e ou étnico, precipitada por uma catástrofe, muitas vezes política; segundo, considerando o papel desempenhado pela memória colectiva, que transmite tanto os factos históricos que precipitaram a dispersão como uma herança cultural amplamente compreendida; e terceiro, a vontade do grupo de transmitir a sua herança para preservar a sua identidade, independentemente do grau de integração ou tentativa de assimilação, ou seja, a vontade de sobreviver como minoria através da transmissão da herança.

No quadro da organização ocidental tradicional do conhecimento e da história, existem muitas diásporas em muitas áreas cosmopolitas do primeiro mundo - cada uma representada geralmente em enclaves e cada uma classificada como uma minoria cultural doméstica. Assim, há uma miríade de diásporas espalhadas por toda a cosmópolis ocidental: Judaica; Arménia; Cigana; Africana; Chinesa; Indiana subcontinental; Irlandesa; Grega; Libanesa; Palestiniana; Vietnamita; Cambojana; e Coreana. E assim por diante.

Duas concepções ocidentais (tradicionais) subjazem a estas noções de diáspora: a primeira conceção tradicional é a conceção da identidade do eu, que foi refinada em meados do século XX pela fenomenologia e pelo existencialismo, e que enfatizou a primazia das categorias da perceção e da experiência: o "1" unitário (isto é, o sujeito consciente, sempre idêntico e presente a si próprio e sempre oposto ao outro) é visto como o único organizador e controlador legítimo da perceção e da experiência. Estas noções do "eu" pressupunham a integridade (a indivisibilidade) do eu normativo e universal (ocidental) fora das diferenças e vicissitudes da cultura e da história.

A segunda conceção tradicional é o imaginário jacobino (um legado da Revolução Francesa que está na base da ala liberal do Iluminismo) que, durante os últimos duzentos e tal anos, supervisionou no Ocidente a ideia da sociedade como uma ordem racional e transparente assente num único princípio que explica todo um campo de diferenças. No funcionamento deste imaginário, a categoria da representação deveria descobrir uma essência comum por detrás das diferenças, procurar as estruturas que constituem a lei inerente a todas as variações possíveis e estabelecer os requisitos normativos para uma lógica democrática única que governará a sociedade. No entanto, os acontecimentos históricos transformaram estas noções tradicionais de diáspora. Em meados e finais do século XX, a desintegração das redes imperialistas europeias e a emergência de vários movimentos de descolonização, as formações sociais e os modos de produção em constante mutação sob a égide do capitalismo e a política da defunta guerra fria tiveram várias ramificações, entre as quais, devido às muitas práticas militares, sociais, económicas e políticas corolárias destes desenvolvimentos, os países do primeiro mundo têm agora um número considerável e crescente de cidadãos de primeira e segunda geração com herança do terceiro mundo.

Estes cidadãos (pós)coloniais do primeiro mundo contribuíram enormemente para: uma certa globalização que atravessa raças, línguas e formações sociais; o questionamento do significado do próprio Estado-nação; o facto da heterogeneidade, pluralidade e comunidade; a produção de uma variedade de economias e textos culturais; e a política da memória cultural na (des)configuração de identidades, discursos e ideologias nacionais. O que quero dizer é que existe atualmente uma deriva diaspórica robusta (e mesmo exponencial) entre países, continentes, raças, línguas e religiões devido à reconfiguração do capital e do trabalho internacionais e devido às consequências económicas e sociais dos antagonismos étnicos que se descongelaram após o congelamento da guerra fria.

Mais especificamente, nos Estados Unidos, antes do fim da Guerra Fria, a política da diferença articulada pelos movimentos de libertação das décadas de 1960 e 1970 - por grupos alinhados com as categorias de raça, género, classe, origem nacional e orientação sexual - insistia nas diferenças culturais (ritmo do "multiculturalismo") como base da identidade. E no terceiro mundo, os movimentos de descolonização do final da década de 1950 e da década de 1960 fomentaram a redescoberta ativa da diferença entre grupos raciais e étnicos no seio de sociedades grandes e complexas.

Assim, a "política de identidade" tornou-se precisamente a prática que militava contra as noções normativas e fixas (ocidentais) de identidade que normalmente hierarquizavam essas categorias de diferença para efeitos de discriminação e subordinação. E o "multiculturalismo" conseguiu a sua aquisição crítica porque associou várias lutas identitárias a uma retórica comum da diferença e da resistência. Mas quero centrar-me apenas num destes "acontecimentos históricos": as várias transformações do capital - auxiliadas pela tecnologia - que perturbaram as concepções tradicionais de identidade e que, por sua vez, prepararam o terreno para a emergência do nómada contemporâneo, distinto do migrante ou do exilado, uma

emergência cujas condições de possibilidade foram produzidas

pelo capital transnacional (ou pós-nacional).

Tanto o novo nómada na cidade como a própria cidade foram

colocados na órbita do tempo-luz da velocidade. Vamos discutir e

analisar os atributos deste novo nómada - na nova cidade que

também se tornou o deserto desterritorializado: O nómada que

emergiu, nesta fase pós-milenar do capital transnacional, na

cidade-deserto sobre-exposta.

Os discursos contemporâneos mostraram-nos que a noção de

"indivíduo" oferece uma ficção de coesão que tem como sintoma

a crença num poder plenamente capacitado e consciente de si

próprio. E, claro, a noção de sujeito, por sua vez, oferece os

sentidos contraditórios de (1) o sujeito capacitante e controlador e

(indiscutivelmente) soberano do poder e dos discursos e, ao

mesmo tempo, (2) o sujeito disperso, sujeito a - e em conflito com

- formações linguísticas, sociais e culturais e instituições

jurídicas, políticas e económicas. Depois, temos a noção de

posições-sujeito que um "indivíduo" ou pessoa ocupa, posições que têm os seus próprios discursos e histórias, alguns dos quais a "pessoa" é obrigada a ocupar, e outros que a "pessoa" escolheu. Estas posições-sujeito são por vezes contraditórias e nunca se unem para formar um "indivíduo" completo. Por exemplo: uma "pessoa" ou "indivíduo" pode ser fracturada pelas posições-sujeito de etíope, judeu, mãe, lésbica, deficiente físico, ambientalista conservador, economista amador radical e colunista político de "esquerda". Esta pessoa, que de facto não é outra senão o nosso sujeito nómada, ocupará todas estas várias posições no discurso e na sociedade (em relação às instituições e às outras pessoas) e terá de negociar todas as tensões inerentes a estas posições, dependendo do contexto.

O nómada, minuciosamente atravessado, talvez animado, talvez em conflito, por diferenças históricas, étnicas e culturais, é um produto da reescrita capitalista transnacional (ou pós-nacional) das relações sociais e da produção do trabalho (ou, dito de outra forma: a reconfiguração da divisão internacional do capital e do trabalho), é, na maior parte das vezes, multilingue e é, como já dissemos, um cidadão americano com herança do terceiro mundo a viver numa megalópole nos EUA. Este americano pós-colonial compreende bem que estas posições de sujeito são afiliações, mais uma vez, algumas para as quais foi empurrado e outras que escolheu. A questão para este tipo diferente de americano é como tematizar estas filiações, reconhecendo-as como locais de conflito e de luta e não como locais de identidade.

Este americano pós-colonial é uma versão do "anfíbio cultural" de Edward Said ou do "híbrido cultural" de Homi Bhabha, mas, ao contrário da figura do intelectual migrante de Said e de Bhabha, que "flutua para cima a partir da história, da memória, do tempo", defendo que este nómada poliglota não é nem exilado nem migrante enquanto tal. O migrante tem uma ligação estreita com a estrutura de classes: Na maioria dos países, os migrantes são os mais desfavorecidos economicamente, com um tempo de armazenamento mínimo ou nulo, mais ou menos marginais à rede neo-fordista. E o exílio é muitas vezes motivado por razões políticas e não coincide frequentemente com os pobres.

Em contrapartida, o nosso nómada não é sinónimo de sem-abrigo (não sem passaporte, mas com vários passaportes) ou de deslocação compulsiva, mas sim uma figuração de um sujeito sem desejo ou de uma nostalgia reincidente. Esta figuração articula o desejo de um lugar de conflitos feito de transições, deslocações sucessivas, mudanças coordenadas, repetições, movimentos cíclicos e deslocações rítmicas. Repetindo um pouco e esclarecendo: tanto o migrante (basicamente económico) como o exilado (basicamente político) pertencem à fase fordista do capital, enquanto o nómada (basicamente cultural e epistemológico) pertence à fase neofordista do capital.

O nómada é o protótipo do homem ou da mulher de ideias: Como diz Gilles Deleuze, o objetivo de ser um nómada intelectual é atravessar fronteiras, é o ato de ir, independentemente do destino. Parafraseando Deleuze: A vida do nómada é o intermezzo; é um vetor de desterritorialização. O nómada faz transições sem um objetivo teleológico. A consciência nómada é também uma posição epistemológica porque permite a propagação transdisciplinar de conceitos e múltiplas interconexões e transmigrações de noções de um domínio de conhecimento para outro. A um nível mais geral, a história das ideias é sempre uma história nómada: as ideias são tão mortais como os humanos e estão tão sujeitas como eles às reviravoltas imprevisíveis da história.

A figura do nómada, distinta da do exilado ou do migrante, permite-nos pensar a dispersão internacional e a disseminação de ideias não apenas no modelo banal e hegemónico do turista ou do viajante, mas também como formas de resistência à amnésia colectiva. As distinções entre o exilado, o migrante e o nómada correspondem também a diferentes estilos e a diferentes relações com o tempo. O modo e o tempo do estilo de exílio baseiam-se num sentimento agudo de estrangeirismo, associado a uma perceção frequentemente hostil do país de acolhimento.

A literatura de exílio, por exemplo, é marcada por um sentimento de perda ou separação do país de origem, que, por razões políticas, é um horizonte perdido: A memória, a reminiscência e a recordação - cruciais para o estilo tradicional da diáspora - são centrais para este modo de escrita. Por outro lado, o migrante é apanhado num estado intermédio em que a narrativa de origem desestabiliza o presente. A literatura migrante é sobre um presente suspenso, muitas vezes impossível, nostalgia e horizontes bloqueados: O passado funciona como um fardo que se prolonga no presente, e as personagens vivem no sentido congelado da sua própria identidade cultural; a auto-representação, como momento de autenticidade e autoridade absolutas, é privilegiada em relação a todas as outras representações. A consciência migrante conduz a uma forma extrema de política de identidade, em que cada cultura é autorreferencial e tão autónoma na sua própria autoridade que nunca pode ser compreendida num espaço exterior a si própria. O tempo nómada é ativo, afirmativo e contínuo porque a trajetória é de velocidade controlada. O estilo nómada é sobre transições e passagens sem destinos pré-determinados ou pátrias perdidas. A prática artística nómada é fluida, transgressiva e transitória, e tem a ver com deslocações temporais, ziguezagues de flashbacks e tempos futuros, e montagens rápidas de corpos e eventos que se movem através do tempo e do espaço. Por conseguinte, esta prática ultrapassa a ideologia e a instituição da literatura, pertencendo mais adequadamente à forma de arte do cinema: precisamente o que referi no Capítulo 2, em que a minha análise atenta de *Bladerunner* de Ridley Scott revelou nómadas e máquinas a funcionar em máquinas visuais.

A relação do nómada com a terra é uma relação de ligação transitória e de frequência cíclica. Para citar agora Deleuze: "Os nómadas estão aí, na terra, onde quer que se encontrem formam um espaço liso que rói, e tende a crescer, em todas as direcções. Os nómadas habitam estes lugares, permanecem neles e são eles próprios que os fazem crescer, pois está provado que os nómadas fazem o deserto, tal como são feitos por ele".

A tecnologia - mais especificamente o ciberespaço - veio agravar e complicar consideravelmente a fluidez das identidades nómadas. É agora possível fabricar identidades em linha, com endereços físicos e electrónicos e amostras de escrita suficientes para desenvolver uma carteira de identidade credível no ciberespaço. No próximo capítulo, irei falar mais pormenorizadamente sobre tudo isto.

CAPÍTULO 3

A máquina das identidades em linha

As identidades podem agora ser completamente construídas no ciberespaço, e estas identidades em linha podem participar efetivamente em eventos na vida real (na RL, como se diz na linguagem) que têm ramificações reais para as identidades físicas.

(As identidades em linha são a base do que atualmente se designa por redes sociais, que abordarei no último capítulo deste livro).

Repetindo: estas identidades em linha podem produzir amostras de escrita suficientes para desenvolver uma carteira de identidade credível no ciberespaço. Assim, por exemplo, uma identidade em linha (que obviamente alguém criou), digamos, "Mayda Kaplan", com um endereço eletrónico e um número de telefone com ligação de voz, pode escrever vários artigos e análises de notícias e assinar o seu nome. Agora, se alguém for ao metamotor de busca http://www.google.com e escrever "Mayda Kaplan" na caixa de pesquisa e clicar, dez ou quinze ou mesmo cem (desde que "Mayda Kaplan" tenha escrito perto de uma centena de artigos, o que provocará várias respostas "críticas") itens aparecerão no monitor, todos associados a "Mayda Kaplan". Por outras palavras, a pesquisa do Google na Web por "Mayda Kaplan" produzirá 10 ou 15 ou mesmo 100 resultados.

Para o utilizador em linha, após esta visita ao Google, o portefólio de "Mayda Kaplan" na Web terá dado alguma credibilidade às alegações de uma identidade na vida real de uma certa "Mayda Kaplan". O Google terá legitimado, até certo ponto, a identidade de "Mayda Kaplan" na vida real. Mas estou a adiantar-me muito. Quero usar a minha própria experiência como exemplo de tudo o que acabei de dizer sobre este assunto.

Já revelei na Introdução que sou um escritor que trabalha maioritariamente em linha. A minha sócia, Julie Rose, também é uma escritora e editora que também trabalha em linha. Isto significa que, muitas vezes, trabalhamos diariamente com grupos e equipas virtuais espalhados por todo o mundo. Isto significa que trabalhamos frequentemente com colegas que nunca encontrámos pessoalmente. Mas também trabalhamos localmente, em Minneapolis e em Nova Iorque, com novos meios de comunicação social. Isto significa que passámos algum tempo em contacto direto com alguns dos nossos colegas. No primeiro caso, simplesmente trabalhámos nos nossos vários projectos com pessoas em quem tivemos de confiar (e vice-versa) ao longo dos anos.

Depois de eu e a Julie nos casarmos, a 1 de janeiro de 2000, fomos ao Chile na nossa lua de mel. Eu já tinha estado no Chile uma vez, para visitar um amigo íntimo, um escritor nova-iorquino que estava lá com uma bolsa Fulbright. Quando lá estive, fiz novas amizades que mantive e desenvolvi desde a primeira visita. Julie e eu estivemos no Chile durante seis semanas. No mês de novembro anterior, um amigo meu que vivia em Missoula, Montana (chamemos-lhe Rob), e que era dono de uma empresa de comunicação social que ele próprio tinha desenvolvido na Internet (chamemos-lhe Click News-Net), tinha-me pedido para escrever um artigo para a sua empresa. Eu tinha assinado um contrato para este projeto, pelo qual receberia um montante fixo de mil dólares: Nada mau para um artigo de quatro mil palavras. Como, em novembro de 1999, eu estava um pouco falido, Rob adiantou-me quatrocentos dólares do seu próprio bolso e, claro, prometi pagar-lhe assim que recebesse o meu cheque da Click News-Net.

Um pouco mais sobre Rob: em novembro de 1999, a sua mulher tinha acabado de o deixar por um escritor de Montana famoso por escrever romances sobre Montana, e ambos estavam a divorciar-se. A vida dele estava a desmoronar-se (tal como a minha) por causa disso e, como eu já tinha "estado lá" (em linguagem vulgar), estava a ajudá-lo no divórcio. Tal como eu, ele também tem dois filhos, um rapaz e uma rapariga, de oito e seis anos respetivamente.

Quase se suicidara comendo um monte de plantas venenosas, depois - pensando nos seus dois filhos - "caiu em si" (como ele dizia) e obrigou-se a vomitar antes de tomar alguns antídotos. (Como naturalista amador, sabia bastante sobre plantas.) No início de dezembro de 1999, a sua empresa até me levou de avião de Nova Iorque para Missoula, e eu fiquei com ele em sua casa durante quatro dias, ostensivamente (para justificar as despesas de avião da sua empresa) "para discutir" os parâmetros do meu projeto de escrita.

Enquanto eu e a Julie estávamos no Chile, o meu cheque da Click News-Net chegou ao nosso apartamento em Nova Iorque. E é claro que Rob sabia que a sua empresa tinha enviado o cheque. Depois, enviou-me vários e-mails a pedir o dinheiro de volta. (Verifico sempre o meu correio eletrónico do Yahoo, mesmo quando estou no estrangeiro, pois só preciso de ter acesso à Internet). Eu disse-lhe

Julie e eu estávamos no Chile, e que lhe pagaria quando voltasse a Nova Iorque. Nessa altura, ambos dividíamos o nosso tempo entre Nova Iorque e Minneapolis. (A minha ex-mulher e eu partilhamos a custódia da nossa filha de treze anos e do nosso filho de onze).

Agora uma revelação relacionada: Inspirado por um artigo no *The New Yorker*, algures em 1999, que abordava a política de mostrar os endereços electrónicos de pessoas famosas que eram amigos, colegas ou familiares quando se enviava uma mensagem de grupo, eu enviava frequentemente mensagens de grupo a mais de quinhentas pessoas de cada vez, utilizando a função bcc (blind carbon copy) do meu correio eletrónico. Sabendo que os meus amigos, familiares ou colegas iriam verificar os outros endereços electrónicos da minha lista, queria mostrar-lhes que conhecia essas pessoas famosas - o que de facto acontecia devido ao meu trabalho nos meios de comunicação social. Alguns amigos com visão da web tinham-me avisado repetidamente, alguns anos antes, para colocar os seus endereços electrónicos em bcc porque não queriam ser alvo de spam. Eu continuei a ignorá-los - até que o Rob me deu uma lição quando eu estava no Chile. O meu Yahoo não permitia publicações em grupo para mais de cem pessoas de cada vez (também uma política anti-spamming), por isso, de cada vez que publicava no meu grupo, tinha de dividir a minha lista de endereços em cinco sublistas para publicar em cinco lotes. Costumava ficar irritado com o Yahoo por causa disto, mas mais uma vez, o que o Rob fez ensinou-me o contrário.

Foi isto que ele fez: Rob disse que não acreditava que eu estivesse no estrangeiro. Afirmou que, de facto, eu não estava no estrangeiro, mas sim nos Estados Unidos, e que estava a falsificar os protocolos Internet (IP) de origem chilena das minhas mensagens para ele. Bem, como qualquer técnico sabe muito bem, os IPs podem, de facto, ser falsificados, tal como as pessoas virtuais com endereços electrónicos também podem ser fabricadas. Mas aqui, mais uma vez, estou a adiantar-me. Este capítulo trata também, em certa medida, do ponto em que o correio eletrónico, enquanto comunicação "pessoal", se transforma em radiodifusão ou netcasting.

Em 2 de fevereiro de 2000, depois de Rob me ter pedido repetidamente o seu dinheiro de volta, enviando-me por vezes cinquenta mensagens idênticas num só dia, bloqueei o seu endereço eletrónico e disse-lhe que o ia "desligar" até regressar a Nova Iorque. Então, dado o seu estado psíquico, ele simplesmente tornou-se nuclear: enviou uma mensagem desagradável chamando-me ladrão e mentiroso para os endereços electrónicos (aqueles com apelidos começados por P, Q, R e S - o dele começava por S) no meu subgrupo que ele tinha capturado das minhas mensagens anteriores. Com efeito, ele transformou esta lista capturada numa "listserv", à medida que as mensagens iam e vinham: de mim, refutando as suas alegações; de alguns familiares por casamento (alguns Roses) e amigos, defendendo a minha honra e integridade; e do próprio Rob, sob vários nomes falsos, difamando ainda mais o meu carácter. Algumas pessoas desta "listserv" pediram para ser retiradas. A Julie, que, obviamente, como Rosa, estava a par de tudo, defendeu-me com o mesmo vigor. Após cerca de uma semana de posts e contra-postes, as trocas de impressões evaporaram-se. Pensei que o pesadelo tinha acabado.

Julie e alguns amigos e familiares aconselharam-me a intentar uma ação judicial contra Rob e eu pensei seriamente nisso durante alguns dias. Depois recusei. Repugnava-me a ideia de intentar uma ação judicial contra um antigo amigo (como agora o considerava: o mal estava feito) que estava a passar por um divórcio desagradável - mesmo que ele tivesse feito tudo o que podia online (pelo menos naquela altura) para prejudicar a minha reputação profissional e pessoal e também a minha integridade. Mas decidi não lhe devolver o dinheiro como castigo pelos danos que sentia que ele tinha causado.

Mas Rob ainda não tinha acabado comigo: No início de novembro de 2000, retomou as suas mensagens caluniosas na mesma "listserv" que tinha captado e utilizado em fevereiro. Repetiu os mesmos insultos e insultos de fevereiro anterior. Rob, disfarçado de um certo "Joe Andrupa", respondeu à sua própria mensagem e acrescentou mais algumas invenções. "Joe" afirmava que me conhecia desde 1980 e que estava envolvido num processo de assédio sexual que eu tinha movido contra ele. Durante dois dias, houve trocas de impressões na "listserv", principalmente entre Rob e eu, mas duas ou três pessoas juntaram-se a nós, algumas respondendo ao "Joe Andrupa" ativo. Uma delas, uma mulher com quem tinha tido uma relação amorosa de curta duração e que fazia parte do meu grupo de endereços, disse que, na sua opinião, eu estava a tornar-me uma personagem do meu romance. Outro amigo da "listserv" recebeu um telefonema de um repórter *do Minneapolis StarTribune* (que também estava na "listserv") a querer saber se o meu amigo era "real" ou "virtual".

Fiquei a pensar no que teria despoletado esta última ronda de violência, até que um amigo comum meu e de Rob, que também vivia em Missoula, me disse que Rob tinha sido de facto despedido da Click News-Net, que ele de facto tinha co-fundado e que em outubro tinha sido adquirida por outra empresa de comunicação social ponto-com. Este amigo comum revelou-me que Rob estava a passar por um enorme sofrimento psíquico: Estava a passar por um divórcio desagradável; tinha acabado de ser despedido da empresa que co-fundara; a sua futura ex-mulher ainda vivia com o famoso escritor em Missoula, um facto conhecido por quase toda a gente naquela pequena e poeirenta cidade do Oeste, onde toda a gente não só conhecia toda a gente nos círculos académicos, literários e das dot-com, como também sabia o que cada um andava a fazer. Por isso, tornara-se paranoico e delirante e culpava-me a mim - inexplicavelmente - pelos seus problemas. Eu tinha conhecido Rob através de um amigo comum, um antigo colega de faculdade que agora ensinava na Universidade de Montana e com quem tinha ficado em Missoula durante alguns meses depois do meu divórcio.

Nesta última ronda, incluiu os endereços electrónicos de três listservs do coletivo Twin Cities IndyMedia de que eu era membro. Como viria a descobrir mais tarde, sem o meu conhecimento, Rob andava a perseguir-me discretamente na Internet nos meses que se seguiram às suas publicações caluniosas. Por um lado, ele tinha-se juntado sub-repticiamente a estas listas de servidores para monitorizar as minhas publicações e actividades. Por outro lado, ele também tinha estado a monitorizar as newswires da IndyMedia: não só a news-wire da Twin Cities IndyMedia (http://twincities.indymedia.org), mas também a newswire global da IndyMedia (http://www.indymedia.org), e algumas nacionais: Nova Iorque; Boston; Los Angeles; e Seattle, todas elas com uma coisa em comum: eu publicava frequentemente artigos noticiosos e análises em todas elas. Mais uma vez, nesta ronda, Julie defendeu-me vigorosamente, assim como alguns repórteres do IndyMedia que me conheciam pessoalmente ou tinham trabalhado comigo online. Mais uma vez, Rob respondeu às suas próprias mensagens, mais uma vez sob vários nomes falsos. Mas, nesta ronda, foi ainda mais longe: Foi aos sites amazon.com e borders.com e escreveu falsas "críticas" de clientes ao meu romance, *Love in This Time of Silicon.* Estas críticas não passavam de ataques ad hominem contra mim e não eram de todo críticas de livros pelo simples facto de ele não ter lido o meu romance. Estas "críticas" foram posteriormente eliminadas depois de eu ter convencido os técnicos da amazon.com e da borders.com da sua origem.

Nesta última ronda de perseguição, calúnia e agressão em linha por parte de Rob, Julie e outros amigos e familiares conseguiram finalmente convencer-me a intentar uma ação judicial contra Rob. E assim, no início de dezembro de 2000, entrei com uma ação judicial contra ele no Tribunal Distrital dos EUA em Minneapolis, ao abrigo do Código dos Estados Unidos 28.

Em março de 2001: Rob arrastou o coletivo editorial do Twin Cities IndyMedia para a luta quando - incrivelmente - colocou uma mensagem nas três listas de discussão do Twin Cities IndyMedia dizendo que, como mentiroso congénito, tal como eu tinha inventado certas componentes da minha vida, também tinha "inventado" Julie Rose, que estava "mentalmente doente" porque a mulher com quem dizia estar casado, e com quem também dizia viver em Nova Iorque, não passava de uma pessoa "virtual" que eu tinha fabricado, mas não completamente, dizia ele. A sua mensagem mencionava a existência de uma "Julie Rose" que era tradutora de livros teóricos franceses e que, de facto, eu tinha usado como "modelo da vida real" para a minha invenção.

Dois dias antes desta publicação, Rob tinha também publicado um comentário calunioso contra mim no Twin Cities IndyMedia news-wire. Eu tinha comentado uma publicação no Twin Cities IndyMedia news-wire sobre uma visita iminente ao campus da Universidade do Minnesota por Robert McNamara (o antigo Secretário da Defesa da Administração Johnson durante o auge da Guerra do Vietname e mais tarde presidente do Banco Mundial). O meu comentário muito curto mencionava algo sobre a organização de um protesto durante a visita de McNamara. O comentário calunioso de Rob que se seguiu ao meu não tinha absolutamente nada a ver com a visita de Robert McNamara ao campus da universidade. Limitou-se a chamar-me mentiroso e aldrabão, tentando arranjar problemas às pessoas. Depois, voltou à sua prática habitual de responder aos seus próprios comentários com nomes falsos, o que atraiu alguns membros do coletivo IndyMedia para a discussão sobre McNamara

Thread - como veio a ser conhecido mais tarde. Os posts de Rob nas três listservs do IndyMedia das Cidades Gémeas sobre Julie e os seus comentários ad hominem no news-wire transformaram-se numa guerra de fogo organizada à minha volta - e também contra Julie - nessas listservs e no news-wire.

Para compreender bem esta combustão, e para tornar a minha narrativa mais compreensível na forma como Julie também foi arrastada para a luta, afectando a minha vida profissional em Minneapolis, teria de passar para as minhas experiências com o coletivo editorial do Twin Cities IndyMedia.

Fui um dos membros fundadores do Twin Cities Independent Media Center (IndyMedia), que, tal como muitos outros IndyMedias, foi formado na sequência de um protesto: o protesto contra a Sociedade Internacional de Genética Animal quando esta se reuniu em Minneapolis em julho de 2000. De facto, escrevi o primeiro relatório de ação na primeira pessoa sobre esse protesto para a Diret Action Media Network, onde trabalhava na altura. O relatório foi também recolhido por outros meios de comunicação alternativos (como o protest.net e o a-infos) e mais tarde colocado (por outra pessoa) no news-wire da IndyMedia de Nova Iorque e, muito mais tarde, colocado por mim no news-wire da IndyMedia das Cidades Gémeas, quando este foi finalmente criado.

O facto de eu ser um membro fundador foi também confirmado pelas trocas de e-mails (que arquivei) que tive no final de agosto e início de setembro de 2000 com a pessoa que estava mais ou menos a criar não só o website Twin Cities IndyMedia mas também o coletivo editorial Twin Cities IndyMedia. (Normalmente, quando comecei a publicar relatórios de ação e análises de notícias no news-wire do Twin Cities IndyMedia, pedi mais do que uma vez a palavra-passe de administração da história para poder entrar e editar as minhas histórias - mas fui simplesmente recusado).

Na segunda reunião mensal do coletivo editorial (faltei à primeira), levantei a questão do desenvolvimento de uma política editorial sobre posts racistas, de ódio e caluniosos ad hominem, que vários outros IndyMedias (como o de Nova Iorque, o de Seattle e até o IndyMedia global-editorial) estavam a debater na altura. Ninguém na reunião me deu ouvidos.

Em todo o caso, quando Rob começou a publicar os seus comentários ad hominem e ataques caluniosos contra mim no

McNamara Thread sob nomes falsos, e Julie e alguns amigos me

defenderam com os seus próprios comentários (comentários que

não tinham absolutamente *nada* a ver com os acontecimentos

noticiosos), não havia qualquer política editorial em vigor e, por

isso, todos estes comentários não só se mantiveram no news-wire

como se expandiram no decurso de dez dias a duas semanas.

Julie juntou-se aos três listservs do Twin Cities IndyMedia depois

de eu ter reencaminhado para ela a mensagem de Rob que a tinha

inventado. Entretanto, um amigo íntimo, um irlandês-americano,

que também era membro do coletivo editorial (chamemos-lhe

Jason), publicou uma mensagem nos listservs a defender-me, e só

se envolveu na guerra de fogo em curso na rede de notícias, e não

na publicação de Rob sobre a minha invenção de Julie:


```
Data: Wed, April 25 2001 10:30:45 -0600
(MST) From: "Jason" <jasonr@protest.net> Add
Block To: imc-minneapolis-editorial@indymedia.org, imc-
minneapolis- tc@indymedia.org, imc-minneapolis-
field@indymedia.org Subject: A guerra de
fogo no news-wire
    Mensagem: "Não estive lá muito tempo até
que, como a água, encontrei o meu próprio
nível. O 'meu povo' - as pessoas que
conheciam a opressão, a discriminação, o
preconceito, a pobreza e a frustração e o
```

desespero que produzem - não eram irlandeses americanos. Eram negros, porto-riquenhos, chicanos. E aqueles que supostamente eram "o meu povo", os irlandeses americanos que conheciam a má governação inglesa... diziam exatamente o mesmo sobre os negros que os lealistas diziam sobre nós no nosso país. Nova Iorque: O Presidente da Câmara deu-me a chave da cidade, uma honra que não é de desprezar. Dei-a aos Panteras Negras". -- Bernadette McAliskey

Em primeiro lugar, está a decorrer um conflito do qual fui excluído porque, até aos últimos dias, quase não tive acesso à Internet e ao correio eletrónico. Embora me sinta feliz por ficar de fora de uma discussão tão degenerativa, sinto a necessidade de dizer algo agora porque tenho a nítida impressão de que um membro importante do nosso coletivo, o nosso irmão Biodun, foi tratado injustamente. Esta noite, fui ao sítio e vi todos os ataques e insultos de que tinha ouvido falar e testemunhado discussões nos e-mails que analisei nos últimos dias.

Antes de mais, as pessoas com quem temos estado a trabalhar merecem confiança. Não podemos construir relações saudáveis e continuar a ter sucesso no nosso projeto sem dar aos nossos camaradas o benefício da dúvida. O que quer que tenha acontecido para causar o conflito que ocorreu, a verificação destes e-mails não abertos nos últimos dias deu-me a nítida sensação de que estava a testemunhar uma falta de confiança e uma falha no apoio a um membro do nosso coletivo que estava a precisar dele.

Além disso, esta situação é o reflexo de um fenómeno vergonhoso que já testemunhei demasiadas vezes na minha vida, que é o de um grupo de pessoas brancas bem-intencionadas que se unem cruelmente contra um homem negro. Não apenas um negro, mas especificamente um negro. Penso que Biodun tem razão em perguntar-se se as pessoas o ouvem. Sim, ele levantou a questão do discurso de ódio logo no início, sobre a qual também falei na segunda reunião do coletivo, que foi a primeira reunião realizada na universidade.

Agora que tudo isto está a acontecer, sugiro que façamos imediatamente uma reunião colectiva para chegarmos a um consenso sobre a supressão de todos os ataques ad hominem no nosso jornal. Estes ataques ao nosso irmão já estão há demasiado tempo na nossa Newswire e, quanto mais tempo permanecerem, mais mal fará ao nosso irmão.

"O lugar mais quente do Inferno está reservado para aqueles que, em tempos de crise moral, se mantêm neutros."--Dante

No dia seguinte, na quinta-feira, 26 de abril, a Júlia interveio. Como estava nas listas de discussão, recebeu a mensagem do Jason e, por isso, clicou em **Responder a todos** e publicou uma resposta ao Jason e às listas:

De: "Julie Rose"<julierose@onebox.com>
Para: jasonp@protest.net, imc-minneapolis-editorial@indymedia.org, imc-minneapolis-tc@indymedia.org,

imc-minneapolis- field@indymedia.org
Assunto: Re: A guerra de fogo nas notícias
Data: Qui, 26 de abril de 2001 15:45:27 -500 (EST)
Mensagem:
Olá, Jason: Obrigado pela tua publicação. Não estou muito satisfeito com o que se tem passado nas notícias do Twin Cities IndyMedia e nestas listas de discussão nas últimas duas semanas. Em primeiro lugar, o coletivo editorial não fez nada em relação à calúnia cruel que Rob Soloff continua a perpetrar contra Biodun, utilizando o sítio Web e os listservs do Twin Cities IndyMedia. (Informação: sou a mulher de Biodun. Eu existo de facto em carne e osso. Mas mais sobre isso abaixo).

Há a questão da política editorial, sobre a qual comentaste aqui, Jason. Qual é o problema de apagar as mensagens de ódio, racismo e difamação pessoal? Sei que outros IndyMedias já o fazem há meses, enquanto o coletivo de Twin Cities se esforça por desenvolver uma política.

Até agora, como o coletivo deixou estes comentários no site, então esse coletivo deve ter decidido que o próprio Biodun se tornou a notícia. Depois há a questão de o Rob ter alegado que a Biodun me inventou. Isto é demasiado absurdo. Quem duvidar da minha existência pode telefonar-me para as coordenadas abaixo.

O Rob vive em Missoula, Montana. Eu vivo na cidade de Nova Iorque. No seu post, Rob propôs que a nossa amiga Julie Rose, a tradutora que vive em Hong Kong, é a "verdadeira" Julie Rose.

De vez em quando, vou a Minneapolis com o meu marido aos fins-de-semana. Sei que as vossas reuniões do coletivo editorial são normalmente no sábado à tarde, no último dia do mês. Talvez apareça pessoalmente.

Jason: Desejo-te o melhor.

> Julie Rose
> Escritor e editor
> Voz: 1-212-699-8173
> Correio eletrónico: julierose@onebox.com

Horas depois do post de Julie, um membro do coletivo (chamemos-lhe Michael) com quem eu tinha discutido durante uma das nossas reuniões colectivas sobre a política de consenso (à qual eu me opunha), respondeu ao post de Julie, dizendo que, como ela não era um membro ativo do coletivo, "mesmo que exista" (foram as suas palavras exactas), não tinha nada que enviar mensagens para as listas de discussão do Twin Cities IndyMedia.

De qualquer modo, Jason acabou por convocar uma reunião de emergência do coletivo editorial para um sábado de abril e, nessa reunião, o coletivo decidiu apagar todos os comentários ad hominem no McNamara Thread. Entretanto, Rob, sob vários nomes falsos, continuou a perturbar as listservs com mais mensagens caluniosas. Esta guerra de fogo continuou. Em meados de maio, Julie, frustrada, enviou outra mensagem para as listas de discussão, dirigindo-se especificamente a "Michael e outros". (Michael tinha participado ativamente na guerra de fogo, tomando inexplicavelmente o partido de Rob). Esta mensagem acabou por ser bastante crucial para a minha relação com o coletivo Twin Cities IndyMedia.

De: "Julie Rose"<julierose@onebox.com>
Para: imc-minneapolis-editorial@indymedia.org, imc-minneapolis-tc@indymedia.org, imc-minneapolis-field@indymedia.org
Assunto: O IndyMedia das Cidades Gémeas contra a Biodun
Data: Tue, May 15, 2001 23:08:19 -500 (EST)
Mensagem:
Michael e outros: Muito bem, vamos lá a isto. Algumas coisas são melhor articuladas lá fora.

A minha experiência com este serviço de listas é a seguinte:

Quando Biodun, o meu marido, diz algo em que acredita, ninguém o ouve, como Jason, outro membro do vosso coletivo, também já referiu. Biodun cita então exemplos do seu ponto de vista noutros IndyMedias. É então atacado por homens maioritariamente brancos nestas listas de discussão, alguns com nomes germânicos.

Os meus avós são sobreviventes do Holocausto. As duas heranças do meu marido partilham dois Holocaustos: o judeu e o da Passagem do Meio. Então, o meu radar ativa-se.

Quem é que estamos a enganar? Eu uso o código racial quando nada mais faz sentido.

Tenho estado a analisar todas as mensagens relativas a mim e à Biodun nestas listas de discussão. Estes são os padrões que vejo.

Vocês (especialmente os chamados "activistas" e "anarquistas") limitam-se a repetir o pior dos cenários raciais.

Nem sequer sei porque é que a Biodun ainda está ativa no vosso coletivo. Já falámos sobre isso. Ele devia passar o tempo que está a perder convosco a promover o seu romance. Isso pelo menos produziria resultados mais palpáveis.

Não tenho medo de enfrentar ninguém em nome do meu marido. As minhas sinceras desculpas por tudo isto, mas trabalhar para a justiça social também significa que vocês precisam de limpar a vossa casa.

    Julie Rose
    Escritor e editor

Alguns dias depois da publicação da Julie, ela recebeu esta publicação do

Twin Cities IndyMedia que ela me enviou:


```
   --Mensagem Original Segue-se
  De: "Twin Cities
IMC"<mspimc@protest.net>
  Para: julierose@onebox.com
  Objeto: Remoção de Julie Rose
  Data: Thu, 17 de maio de 2001 10:15:31 -
600 (MDT)


  Mensagem:
A partir de 16-05-01, o coletivo das
Cidades Gémeas concordou em retirar Julie
Rose de todos os listservs do MSP-IMC
pelas seguintes razões: É perturbadora nas
listas de correio eletrónico;

Enviou um e-mail intimidatório aos membros
do coletivo;

Além disso, nunca participou numa reunião
nem contribuiu de forma positiva para o
coletivo. A presença não é necessária para
participar: este facto não é, por si só,
um motivo para ser afastado. No entanto,
quando considerado em conjunto com os dois
motivos acima referidos, concluímos que
não havia outra opção senão retirar-te;

Pode apresentar-se na próxima reunião
regular do MSP-IMC para recorrer desta
ação.

Coletivo IMC das Cidades Gémeas
5-17-01
```

Descobri mais tarde que o Michael tinha convocado uma reunião de emergência do coletivo na quarta-feira, à luz do post da Julie no dia anterior (em que ela citava pessoas "com apelidos germânicos" que me atacavam - o próprio apelido do Michael é germânico) para discutir e tomar medidas para expurgar a Julie dos listservs. E, de facto, Michael tinha redigido o post do coletivo Twin Cities IndyMedia a anunciar esta purga a Julie. Jason sabia da reunião, mas decidiu faltar, sabendo o que ia acontecer.

No dia seguinte a este post para a Julie, demiti-me do coletivo editorial do Twin Cities IndyMedia. Enviei ao coletivo o seguinte post:

```
Date: Mon, May 21 2001 14:28:35 -0700 (PDT)
From: <writingmachine@yahoo.com> Add Block
To: "Twin Cities IMC"<mspimc@protest.net>
```

Assunto: Demissão
    Mensagem:

```
Estava na prisão onde muitos manifestantes
estavam detidos e uma grande multidão
gritava: "É assim que é a democracia! Ao
princípio pareceu-me simpático. Mas depois
pensei: É assim que é a democracia? Ninguém
```

aqui se parece comigo".
--Jinee Kim, organizadora da juventude da
área da Baía, do livro de Elizabeth "Betita"
Martinez "Where Was the Color in Seattle?

A situação é a seguinte. Vou deixar o TC-
Collective pelas seguintes razões:

1.   Tenho sido alvo de (segundo palavras
famosas da história política e mediática
dos EUA) "linchamento de alta tecnologia"
por parte de uma série de indivíduos.
Não vou dizer nomes, mas vocês sabem quem
são.
2.   . O meu trabalho e a minha
contribuição para este coletivo são
certamente pouco apreciados: E, pior
ainda, ignorado.

3.   Expurgou a minha mulher das listas de
contactos, numa reunião de emergência
convocada pelo Michael quando eu estava em
Nova Iorque e, por isso, não pude
participar na reunião.

Adenda: O advogado do Rob resolveu o meu processo contra ele

por vários

mil dólares. O acordo tinha uma cláusula de confidencialidade

que dizia que eu não devia revelar os termos do acordo, mas que

devia simplesmente dizer às pessoas que tinha havido um acordo

"para satisfação mútua de todas as partes".

Conclusões: A Julie Rose Rob disse que eu tinha baseado a minha invenção da minha

Julie Rose on é também uma amiga minha. Ela é, de facto, uma tradutora de

francês para inglês e traduziu vários livros de Paul Virilio. Em

De facto, quando eu era editor sénior da University of Minnesota Press, contratei-a para traduzir dois livros, um deles de Paul Virilio. A minha Julie é também uma tradutora que traduziu artigos noticiosos e análises para agências noticiosas online. A minha Julie também leu vários livros de teoria francesa e utilizou Virilio no seu próprio trabalho. Uma pesquisa no Google por "Julie Rose" produzirá milhares de resultados e, de facto, os utilizadores que não conheçam pessoalmente nenhuma das duas Julie Rose confundirão os resultados.

Apresentei a minha Julie Rose à outra Julie Rose. Esta última vive em Hong Kong e, por isso, nunca se encontraram pessoalmente, mas a outra Julie gostou muito do episódio e ambas as Julies trocaram várias mensagens electrónicas sobre o assunto.

Lição objetiva e pergunta: Obviamente, é absolutamente aconselhável enviar mensagens de grupo com o nome do contacto, como é o meu caso. Mas a questão mantém-se: à medida que o capital e a tecnologia continuam a construir várias máquinas que obrigam a trabalhar cada vez mais em linha com equipas virtuais em todo o mundo e que, de alguma forma, tornam desnecessárias as viagens e o tempo presencial, como é que os trabalhadores em linha criam um ambiente de confiança mútua?

Eis como concluí o Capítulo 2: Emoções hiper-reais vertiginosas recordam outro filme passado em Los Angeles, desta vez no último dia do milénio, *Strange Days*, de Kathryn Bigelow, de 1995, em que a personagem principal, Lenny-Ralph Fiennes, vende playbacks, emendas de vídeo das experiências emocionantes da vida de outras pessoas vistas do ponto de vista do gravador. O espírito narrativo e político de *Strange*

Os próprios *dias* foram inspirados em acontecimentos reais ocorridos em Los Angeles, o incidente de Rodney King captado em vídeo amador e os subsequentes motins, ambos amplamente divulgados nos meios de comunicação digitais nos EUA e no mundo.

No próximo capítulo, discutirei a forma como o capital utiliza a tecnologia para tentar controlar o tempo e a informação e a forma como os meios de comunicação social corporativos dos EUA colaboram com o nosso monstro de duas cabeças, Janus, para o conseguir.

CAPÍTULO 4

O regime dos media

Atualmente, o capital utiliza a tecnologia para tentar controlar o tempo e a informação.

E os media corporativos dos EUA colaboram completamente com o capital na tentativa de controlar tanto a informação *como* o tempo.

(Para um exemplo desta questão da tentativa dos meios de comunicação social de controlar o "tempo", considere-se a patética cobertura dos Jogos Olímpicos de Sidney pela NBC, que, devido à diferença de fuso horário - a hora de Sidney é 15 horas mais cedo do que a de Nova Iorque - a NBC transmitiu apenas atrasos de fita, de modo que vimos as eliminatórias no ecrã quando já sabíamos os resultados das finais pela BBC ou mesmo pela National Public Radio-NPR. Os Jogos Olímpicos tornaram-se então, pelo menos para os americanos em casa, uns Jogos Olímpicos virtuais na televisão que flutuavam num fuso horário próprio e que não tinham qualquer relação com o tempo "real" dos americanos).

A exceção à colaboração dos meios de comunicação social corporativos dos EUA é, de facto, a NPR, que aproveita a extensa cobertura do Serviço Mundial da BBC e, por vezes, até utiliza os seus correspondentes para as suas próprias reportagens. De facto, nas Cidades Gémeas, a Minnesota Public Radio - a estação de bandeira da NPR - muda para o Serviço Mundial da BBC das 23h às 4h.

Os noticiários das redes de radiodifusão - como disse Jon Katz, antigo produtor da CBS, em 2000 - "são basicamente um cadáver que ainda não foi pronunciado". Os moribundos - na minha opinião, também - meios noticiosos das redes de radiodifusão (especificamente ABC, CBS, NBC e também as redes de "notícias" por cabo 24 horas por dia, 7 dias por semana, CNN, MSNBC e Fox) são atualmente e ferozmente impulsionados pela economia de mercado e pela pressão implacável das audiências diárias.

Esta é a estrutura empresarial das principais redes de notícias: A

CBS é propriedade da Viacom, o vasto conglomerado de entretenimento. A General Electric é proprietária da NBC. A ABC faz parte da Disney. A CNN é um componente da Time-Wamer AOL. Assim, espera-se que as divisões de notícias da rede não só tenham lucro (o que certamente não era o caso nos dias de Eric Severaid e Edward Murrow), mas também concorram com sucesso com as divisões de entretenimento. E os correspondentes e repórteres são encorajados a tornarem-se eles próprios as notícias, em vez de as investigarem e reportarem. Essas redes estão desesperadas: A CBS tem os chamados "reality shows" "Survivor" e "Big Brother". A ABC tem o "Quem Quer Ser Milionário". E Robert Wright, o diretor da NBC, que tem de fazer um grande lucro para a General Electric, perguntou à sua equipa no final da primavera de 2000: "Onde está o nosso 'Survivor'?" E depois Julie Chen, a pivot do "CBS Morning News", é também a comentadora do "Big Brother" - sendo a sua cópia por vezes fornecida pelos produtores do programa - esbatendo ainda mais a divisão entre notícias e entretenimento.

A título de exemplo, *a Brill's Content* (a mensageira que

monitoriza os meios de comunicação social em termos de, nas suas próprias palavras, "exatidão, rotulagem e fontes, conflitos de interesses e responsabilidade") fez uma reportagem sobre Alex Kuczynski, a repórter dos meios de comunicação social do *The New York Times* (intitulada "Smart Alex"), dizendo que ela é a nova geração de jornalistas que é a sua própria marca, que se mete em colunas de mexericos, e que prefere artigos com personalidade em vez de histórias de negócios (o artigo destacava-a como "a rapariga 'It' reinante da cobertura mediática, com a sua vida social de alto nível e escrita moderna, o rosto de um *Times* em mudança*")*. E o atual diretor da ABC News terá dito recentemente aos seus correspondentes e membros de painéis para aumentarem as suas vidas sociais - "para entreterem mais, entrarem em colunas sociais e criarem agitação"."

Consequentemente, as redes dos media corporativos contribuíram enormemente para baixar o nível do discurso público nos EUA sobre si próprios e sobre o mundo em geral. (Os afiliados das redes locais, com a sua "conversa alegre" chamada Eyewitness News, são risíveis, patéticos e abismais). Os media corporativos locais das Cidades Gémeas, tanto na imprensa escrita como na televisão, são representados pela WCCO (que é propriedade da CBS); KARE 11 (uma afiliada da NBC); KSTP (uma afiliada da ABC); KSMP (parte da UPN); e por último, mas não menos importante, o canal FOX - e o *St-Paul Pioneer Press* e o *Minneapolis StarTribune.* Estes meios de comunicação social relatam frequentemente histórias em nome das empresas. Por outras palavras, se houver um litígio entre a administração e os trabalhadores (por exemplo, entre a administração e os mecânicos da Northwest Airlines), a WCCO e o *Minneapolis StarTribune* darão certamente as notícias com uma inclinação para a administração da Northwest e subnotificarão definitivamente a perspetiva dos mecânicos. Esta estratégia é por vezes flagrante e por vezes muito subtil.

A ABC e a CBS, por exemplo, fecharam muitos dos seus gabinetes no estrangeiro, pelo que os correspondentes têm agora de cobrir os acontecimentos em vastas áreas que se estendem de Moscovo a Sidney, baseando-se em ligações via satélite em vez de reportagens na primeira pessoa. Ao reduzir o seu pessoal no estrangeiro, a CBS e a ABC criaram um vazio lucrativo que a Reuters e a Associated Press se apressaram a preencher. Assim, a AP e a Reuters complementaram os seus serviços de notícias, de imprensa e de fotografia com operações completas de áudio e vídeo. Ironicamente, as cadeias de televisão começaram então a pagar mais de um milhão de dólares por ano por imagens da Reuters e da Associated Press Television Network (APTN), e *o The New York Times* online começou também a depender cada vez mais dos despachos noticiosos da AP no estrangeiro, ao ponto de criar um subconjunto de ligações no seu sítio para a AP. Especialmente após o fim da Guerra Fria, o interesse das redes americanas pela cobertura do estrangeiro simplesmente evaporou-se. Como me disse recentemente um amigo que trabalha para a ABC, a piada corrente na redação da ABC sobre o "World News Tonight with Peter Jennings" é: "Não é o mundo. Não é o mundo. É apenas esta noite, com o Peter". E a maior parte da imprensa escrita diária dos EUA, atualmente, limita-se a relatar o óbvio. Os diários locais são, na sua maioria, inúteis, dependendo também de recolhas datadas das agências de notícias ou do *The New York Times* e *do The Los Angeles Times.*

Considere os seguintes títulos sem sentido de vários jornais diários americanos (alguns deles importantes):

*Os baixos salários são considerados a chave para a pobreza

* Os ricos encabeçam a lista de doadores políticos

* O reitor quer que os alunos frequentem as disciplinas obrigatórias

* Estudo revela que os advogados são demasiado bem pagos

* Diz-se que as famílias disfuncionais afectam as crianças

*O renascimento da pena de morte abre caminho a mais execuções

*O plano para matar um agente tinha um lado cruel *(The Chicago Tribune)*

*Os cortes nas comissões vão prejudicar os corretores da bolsa, dizem os analistas

*As religiões têm diferentes pontos de vista sobre a redenção

*As adolescentes têm muitas vezes bebés gerados por homens

* Autoridades afirmam que só a chuva pode curar a seca

* As empregadas de limpeza encontram a sua carreira nas casas dos outros

* Vida sombria para os homens acorrentados

*Os centros comerciais tentam atrair compradores

* O inquérito revela que os metropolitanos estão mais sujos

depois de terem sido cortados os trabalhos de limpeza *(The New*

York Times)

*Cangurus maiores saltam mais longe *(Los Angeles Times)*

*A polícia conclui que mais tolerância reduz a criminalidade

* Estudo encontra ligação entre sexo e gravidez

*Homicídio: Faz-nos sentir violados

*A violência já não pode ser negada

*A infertilidade não é suscetível de ser transmitida *(The Montgomery Advertiser)*

E assim por diante. Acredita em mim: Não inventei *nada* disto. Em todo o caso, quero centrar-me na forma como os media empresariais ajudaram a criar, através da utilização de uma rede de metáforas hiperbólicas, a atmosfera de uma indústria dot- com em expansão e da nova economia da Internet. A seguir, revelo como algumas metáforas-chave utilizadas pelos media corporativos se tornaram dominantes no discurso popular sobre a indústria dot-com e a Internet.

Esta frase foi retirada de "The Internet: How It Will Change the Way You Do Business", a reportagem de capa da edição de outubro de 1994 da *Business Week'*.

"A Internet, ao que parece, tem o potencial de ajudar a reestruturar todo o tipo de empresas... As empresas em fase de arranque na Internet estão a lançar as bases para formas inteiramente novas de fazer negócios... A Internet representa um mercado aberto em que todos os tipos de novos produtos e serviços podem florescer e onde uma empresa em fase de arranque pode ter tantas hipóteses como uma IBM."

O artigo também incluía a seguinte frase hiperbólica: "A Internet é o Oeste Selvagem da tecnologia. Ainda ninguém escreveu as regras". Esta frase estabeleceu uma premissa que rapidamente se tornou o pressuposto principal da maior parte da cobertura do negócio da Internet nos media: A Web era uma nova fronteira, uma terra de oportunidades ilimitadas onde as restrições dos negócios tradicionais já não funcionavam. (Eu próprio irei debruçar-me sobre esta noção de "nova fronteira" no meu capítulo sobre a fratura digital, mais adiante).

Apenas seis meses depois desta reportagem de capa, *a Business Week* apareceu com outra reportagem de capa sobre o negócio da Internet, na qual encontramos o seguinte: "O negócio da Internet é um novo campo de sonhos em que até as pequenas empresas podem ser pioneiras em novas tecnologias, estabelecer novos padrões e enriquecer." Em pouco tempo, a noção da Internet como o grande nivelador transformou-se num facto aceite. Em novembro de 1995, o *US and World Report* sublinhou ainda mais a metáfora do campo de jogo nivelado dos sonhos: "A Web nivela o campo de jogo, de modo que as pequenas empresas e os empresários podem lutar contra inimigos maiores numa base mais equilibrada." Este campo de sonhos funcionou então como a base para a mania de investimento que se seguiu. Se a Internet era, de facto, um campo de sonhos, então fazia sentido que os capitalistas de risco - e, em breve, o público - pusessem o seu dinheiro atrás de qualquer empresa online em ascensão, por pior que fosse o plano de negócios ou por mais formidáveis que fossem os seus concorrentes offline. Na "corrida ao ouro" da Internet, uma empresa tinha de se mover à "velocidade da Internet" para garantir a "vantagem de ser a primeira" na sua entrada na "nova economia". Mas estamos a adiantar-nos.

No verão de 1995, a máquina das metáforas entrou em ação,

quando a Netscape Communications lançou uma oferta pública inicial (IPO) com uma subscrição excessiva. À medida que as acções disparavam, Jim Clark, o diretor executivo e fundador de uma das mais badaladas empresas em fase de arranque da década de 1980, a Silicon Graphics, viu os seus 3 milhões de dólares iniciais transformarem-se em 500 milhões de dólares. Jim Clark e Marc Andeersen (cujo Mosaic - o navegador pioneiro da Web - se transformou em Netscape a pedido de Clark) tornaram-se os garotos-propaganda da "corrida ao ouro" da Internet. Em 1994, Amy Harmon, do *The Los Angeles Times,* já tinha usado o termo "corrida ao ouro" para descrever a corrida das empresas de comunicação social para se afirmarem no "ciberespaço", uma metáfora poderosa cunhada pelo escritor de ficção científica William Gibson no seu livro de 1984

romance *Necromancer.* Aqui está uma análise típica do novo humor de

Edição de fim de ano *da Newsweek* em 1995: "Em Wall Street, a Netscape produziu um frenesim de acções sem precedentes - uma corrida ao ouro que não se via no norte da Califórnia desde Sutter's Mill."

Pensar na metáfora da "corrida ao ouro" deveria ter sido um aviso para o colapso das "dot-com" que viria mais tarde. A extração de ouro foi, de facto, a metáfora adequada para o boom da Internet, mas a verdadeira história da corrida ao ouro na Califórnia foi que a maioria dos 49 mineiros regressou a casa de mãos vazias e as pessoas que enriqueceram não foram as que andavam à procura de ouro, mas sim pessoas como Levi-Strauss, que fez fortuna à custa dos mineiros.

Em todo o caso, em 1999, a ideia da Internet como "nova ordem mundial" tinha conquistado o imaginário americano, graças a vários artigos na imprensa escrita. Como era de prever, *o The Wall Street Journal* entrou na onda. Considere-se o seguinte de um perfil da eToys de 12 de julho de 1999: "Acima de tudo, talvez, a eToys tenha sido bem sucedida porque é uma empresa totalmente e sem remorsos baseada na Web." Bem, lá se foi o sucesso absoluto: a eToys declarou falência em fevereiro de 2001.

A "nova economia" é a mãe de todas as metáforas da Internet, ajudada pelos media corporativos dos EUA. O termo "nova economia" foi utilizado durante décadas para descrever uma série de desenvolvimentos, incluindo a emergente economia pós-industrial. Em 1994, no entanto, o termo estava em todo o lado, mas assumiu um significado significativamente mais amplo numa edição especial da *Fortune* de 1994 intitulada "A Nova Economia". Nessa edição, John Huey escreveu: "Estamos, neste momento, nas fases iniciais de uma nova economia, uma economia cujo núcleo é tão fundamentalmente diferente dos seus antecessores como, digamos, a era automóvel era da era agrícola."

A "nova economia" rapidamente ganhou o seu significado atual quando se tornou uma metáfora para tudo o que está relacionado com a Internet. Disse Richard Shaffer, da Technologic: "Era um termo que toda a gente usava e sabia que era vago. Representava simplesmente um futuro em que toda a gente podia participar". E toda a gente nos media corporativos dos EUA participou. As referências à "nova economia" tornaram-se exponenciais. Entre 1985 e 1995, houve 775 referências ao termo nos meios de comunicação social. Em 1998, o número saltou para 1000 referências por ano. No ano passado, o termo disparou para

20.000. E assim, de um dia para o outro, o termo começou a afastar outros conceitos do discurso público.

Por fim, surgiu a metáfora "tempo de Internet", uma tradução vulgar do conceito de velocidade que utilizei na Introdução. A tradução era mais ou menos assim: Se vivêssemos no tempo da Internet, só fazia sentido "crescer depressa". O tempo da Internet não ficaria parado enquanto uma empresa em fase de arranque se divertisse com algumas ideias, elaborasse um plano de negócios e construísse uma equipa de gestão forte. Se tivesse um conceito suficientemente plausível para ser aceite pelos investidores de capital de risco, então era melhor começar a trabalhar nele ontem. Assim, foi pedido aos investidores públicos que apoiassem a abertura de capital de empresas da Internet com planos de negócio que não fariam qualquer sentido num negócio convencional. No novo universo paralelo da Internet, os investidores aproveitaram então a oportunidade para canalizar as suas poupanças para conceitos tão ridículos como a Value America, uma superloja em linha que planeava transformar-se numa Wal-Mart em linha. Assim, os meios de comunicação social empresariais dos EUA tiveram um papel importante no reforço da indústria dot-com e da

Internet através da rotação de metáforas, algo como um último

suspiro. Porque o toque de morte para os meios de comunicação

social norte-americanos: Toda uma geração de jovens jornalistas

com talento, conhecimentos técnicos e experiência consideráveis

está a deslocar-se para os novos meios de comunicação baseados

na Web, especialmente para as redes e colectivos noticiosos

alternativos, como a Diret Action Media Network (DAMN!) e o

Independent Media Center (IMC: IndyMedia, dividido em

equipas de rádio, imprensa escrita, vídeo e PDF). Estes novos

meios de comunicação social estão a trabalhar para dissociar o

capital da tecnologia, para perturbar e expor a forma como o

capital tem tentado utilizar a tecnologia para controlar a

informação. E graças à Internet, o capital nunca poderá ter

sucesso neste empreendimento. Todos estes novos meios de

comunicação social se dedicam a trabalhar com grupos de

activistas (como a Global Action, Greenpeace, Rainforest Action

Network, Diret Action Network, vários sindicatos) para efetuar

mudanças sociais e reparar numerosas injustiças contra minorias

culturais e étnicas em todo o mundo. Estes novos meios de

comunicação noticiam apenas eventos que tratam de uma variedade de questões: brutalidade policial; repressão estatal; antirracismo; direitos humanos; direitos das mulheres; ambiente; trabalho; anti-globalização; direitos dos animais; etc.

Todos estes meios de comunicação e grupos estão por detrás dos protestos (desde novembro de 2000 até à data) na OMC e no Banco Mundial em Seattle, no Banco Mundial em Washington DC, nas Convenções Nacionais Republicana e Democrática em Filadélfia e Los Angeles, na OMC e no Banco Mundial em Praga, no Fórum Económico Mundial em Davos, Suíça, na Cimeira das Américas na cidade do Quebeque e na OMC e no Banco Mundial em Génova.

Estas acções diretas intervêm e perturbam as várias máquinas de escravização que o capital e a tecnologia criaram, e também fazem explodir as contradições internas que fazem funcionar essas máquinas. No futuro, o corpo do capital global terá mais a temer destas acções diretas nómadas, que continuarão a assombrar com força os poros da sua pele, do que das suas próprias contradições internas. Estas acções diretas são como as hordas nómadas mongóis fora das portas da cidade de Pequim que assombravam os funcionários públicos chineses dentro da cidade.

A maior parte dos media-activistas do IndyMedia que protestam contra todas estas questões fazem o seu trabalho mediático online, em news-wires. Estes media-activistas estão a trabalhar "em nome de" subalternos - a maioria no terceiro mundo - que têm acesso limitado à Internet. Mas a fratura digital também está bem viva nos Estados Unidos. Discutirei o problema da fratura digital no meu próximo capítulo.

(Mas, entretanto, a emergência dos meios de comunicação social promete demolir os meios de comunicação tradicionais tal como os conhecemos, ao fundir os meios de comunicação e a tecnologia. Mais uma vez, falarei sobre isto no meu último capítulo).

CAPÍTULO 5

O fosso digital: O exemplo de Montana

Pode dizer-se que o Montana contemporâneo é uma produção dos literatos europeus, mais concretamente, uma invenção gaulesa no melhor da tradição romântica. No século XVIII, o Montana já era uma invenção quando franceses brancos (os La Verendrye) penetraram pela primeira vez no território "virgem" (na palavra de um historiador). Nessa altura, o caçador seguiu o explorador e, por sua vez, o padre e o prospetor. Também nessa altura, George Catlin, na pintura, e James Fenimore Cooper, na ficção, tinham fixado no imaginário americano o índio fictício e a lenda da selva enobrecedora, permitindo a possibilidade de Montana como uma utopia mítica.

Sabemos pela história americana que a América foi incansavelmente sonhada (o "Sonho") de Leste para Oeste como um testemunho da bondade original do "homem": de Inglaterra e do Continente para a Costa Leste do Novo Mundo; da Costa Leste para o Midwest e os Territórios do Norte; e daí até ao Pacífico.

O Montana sempre funcionou como uma fronteira. De certa forma, a Velha Fronteira transformou-se na Velha Nova Fronteira. E atualmente está de novo em transição: a fronteira entre uma economia de escravatura de salário mínimo e aquilo a que se pode chamar a economia do "éter" da tecnocultura cibernética.

Vamos falar um pouco sobre a história da Fronteira. Por Fronteira entendemos a margem onde o Sonho encontra resistência. Na Velha Fronteira, esse encontro era entre a fantasia de Rousseau do Nobre Selvagem (o índio) e o Cowboy, com o seu ritual de embriaguez, o tiroteio na cidade, a "violação" da natureza e a matança do búfalo. Agora, os habitantes da Velha Fronteira, lutando pela vida, não tinham tempo nem energia para refletir sobre a contradição entre a sua realidade e o seu sonho. A contradição permaneceu irrealizada e dividiu-se geograficamente: As pessoas que ainda viviam em segurança na Costa Leste continuavam a sonhar o Sonho, e as que viviam no Montana (os Territórios do Norte) tornavam-se ocidentais totais, deliberadamente desligados da história e do mito, imunes à beleza da sua paisagem. Seguiu-se a segunda fase da Velha Fronteira

(aquilo a que chamámos a Velha Nova Fronteira). A mestra da

escola seguiu a prostituta (o significante da negação do romance),

mudou-se do Leste para casar com o rancheiro ou o engenheiro de

minas, e o sonho e a realidade confrontaram-se finalmente. A

mestra da escola trouxe consigo o romance sentimental e

romântico da fronteira, produzindo consequentemente uma

procura de uma arte que alimentava o mito, uma arte que

transformava um estilo de vida numa prática cultural. A lenda

rapidamente se tornou readymade e encontrou forma em revistas

de folhetins, filmes B e falsas canções de cowboys. Esta segunda

fase da Velha Fronteira passou de uma certa ingenuidade para

uma história virtual produzida a partir de uma discrepância: Por

um lado, essa fase idealizou um passado recente na imagem do

mito. Por outro lado, expôs os fracassos dos colonos originais em

viver de acordo com o ideal de Rousseau. O Oeste foi

reinventado.

O passado recente do Montana (digamos, até cerca de 1990-

1992), em alguns aspectos, pode ser considerado como

partilhando aspectos desta segunda fase da Velha Fronteira:

estava dividido entre a valorização do seu passado virtual (uma

cultura imaculada, desafiadora contra a sofisticação e a

"corrupção" da Costa Leste - o Montana tem sido o Outro de

Nova Iorque há já algum tempo, e vice-versa) e um mal-estar

resultante da colisão desta história virtual com a história "real"

que continuava a surgir.

A primeira vez que fui a Missoula foi no verão de 1992, para

visitar um velho amigo licenciado da Costa Leste que estava

agora a ensinar na Universidade de Montana. Em primeiro lugar,

fiquei bastante impressionado (no sentido original deste termo)

com a demografia monocultural do Montana: branco,

parcimonioso, saudável, amante da natureza e amigável, situado

no vórtice da realidade e do mito, e rodeado por todas aquelas

esplêndidas montanhas e vistas deslumbrantes onde vários

sistemas meteorológicos eram visíveis à distância. E os habitantes

do Missouli eram simpáticos.

O amigo que visitei era bom em França e tinha vindo para os

EUA para estudar, tendo depois decidido ficar a trabalhar. Casou

com uma americana e tiveram um filho juntos antes de se

separarem. Depois da licenciatura, foi professor itinerante em vários colégios do centro-oeste antes de finalmente aterrar na Universidade de Montana, em 1988, onde acabou por se tornar titular em 1994. Nunca tendo sido do tipo que gosta de andar ao ar livre em França durante a sua infância (nasceu em Paris e cresceu em Toulouse), rapidamente começou a apreciar as montanhas, os trilhos para caminhadas e os parques de campismo do Montana. Missoula estava a mudar e a expandir-se muito rapidamente naqueles anos. Os sinais dessa expansão estavam por todo o lado, especialmente nos bairros exteriores, como Pattee Canyon e South Hills, que estavam repletos de novos bungalows com uma arquitetura foleira. Pouco antes de eu ir para Missoula, o seu amigo (chamemos-lhe Pierre a partir de agora) tinha acabado de comprar um desses bungalows em South Hills (uma casa que vale atualmente o triplo do que ele pagou por ela em 1992) e estava mortinho por me apresentar as emoções e os prazeres do rafting e do campismo selvagem. E eu estava certamente desejosa de sair da claustrofóbica cidade de Nova Iorque.

As muitas caminhadas que fizeram até Blue Mountain e Lolo

Peak nesse verão, o campismo no Glacier National Park, os requintados jantares com hambúrgueres de búfalo regados com vinho tinto e os mergulhos magros nas fontes termais e nos banhos de lama de Hot Springs foram definitivamente tónicos para uma psique exposta e abalada pelos metropolitanos e pelas calçadas sujas da cidade de Nova Iorque. De qualquer modo, esse foi o meu primeiro encontro concreto com o Outro que Montana é para Nova Iorque. (Tinha tido um encontro virtual anterior com Missoula através dos despachos coloridos e populares de Kim Williams, em meados dos anos 80, para Susan Starnberg, no seu "All Things Considered" na National Public Radio).

Da Velha Nova Fronteira, Montana passou então para a fase seguinte, a Fronteira Virtual, com a história simplesmente construída para a mercantilização e dobrada no tempo e no espaço do Capital. Esta fase é crucial porque preparou mais ou menos o terreno para a fase que está a emergir atualmente: a economia do "éter" (em todos os sentidos, financeiro, social, político e psíquico) da tecnocultura cibernética. Esta Fronteira Virtual é caracterizada por ranchos, rodeios de câmaras de comércio, pow-wows de índios (até certo ponto) e, por vezes, "Dias dos

Pioneiros" patrocinados por governos estaduais e empresas. A Costa Leste veio ver o seu Sonho em ação e exigiu-o por encomenda para as duas semanas de férias. Na Fronteira Virtual, os montanheses comuns (incluindo alguns transplantados) tornaram-se os proxenetas ou prostitutas da "cultura" local e dos mitos do Estado.

Obviamente a cidade mais "cosmopolita" e culturalmente diversificada do Montana, Missoula está curiosamente posicionada em relação a esta Fronteira Virtual. Esta cidade poeirenta (70.000 habitantes) não tem qualquer atração turística em si mesma - para além das dezenas de boutiques e falsos "postos de comércio" na North Higgins Avenue e arredores. Missoula funciona, nesta economia da Fronteira Virtual, mais ou menos como uma trajetória para os transeuntes - quer profissionais, quer turistas que passam do Parque Nacional Glacier para Yellowstone (ou vice-versa) ou que se dirigem para (ou vêm de) as cabanas à beira do lago em Flathead. Falemos um pouco sobre Missoula antes de voltar à minha discussão sobre as fronteiras.

Antes de regressar a Missoula para aí viver intermitentemente durante um ano, de julho de 1998 a junho de 1999,1 tinha regressado nos anos intermédios todos os Verões, sempre para visitar Pierre. Passavam a maior parte do tempo com os amigos e colegas de Pierre na universidade, em festas privadas (por vezes jantares), em sessões de copos em bares da baixa, ou em piqueniques ao ar livre no Caras Park e noutros locais. Em julho de 1998,1 estava de novo a viver em Nova Iorque e, mais uma vez, estava a tornar-se claustrofóbico e desejoso de sair para espaços e céus abertos. Pierre convidou-me para me juntar a ele e ao seu grupo de sete pessoas numa extensa viagem de campismo à Península Olímpica e ao Glaciar. A viagem de campismo de seis semanas transformou-se rapidamente, para mim, numa estadia prolongada de um ano em Missoula, porque eu precisava de uma pausa de Nova Iorque para trabalhar na revisão do meu romance, de acordo com as especificações do seu editor. E Pierre foi extremamente generoso ao deixar-me ficar no seu bungalow em South Hills.

Agora que estava a viver em Missoula, tinha de depender dos

transportes colectivos para me deslocar (cresci em Nova Iorque e nunca aprendi a conduzir). Como há muito poucos negros em Missoula (há sempre poucos negros nas fronteiras americanas), rapidamente me tornei popular entre a maioria dos condutores dos autocarros da Mountain Line. De facto, rapidamente me tornei conhecido de quase toda a gente em Missoula.

Reproduzindo um pouco o espetro da minha vida nos EUA desde o liceu, no início, convivi sobretudo com os colegas e amigos universitários do Pierre. Mas depois comecei a conhecer pessoas que não estavam ligadas à universidade: aspirantes a escritores e best-sellers; ciber-empreendedores que eram donos das suas próprias empresas de Internet (ver mais abaixo); estudantes de pós-graduação falhados; mulheres divorciadas que tentavam recuperar de casamentos ou carreiras falhadas ou de maridos abusivos (ou dos dois ou dos três juntos); e abandonos da faculdade amantes da natureza (e por vezes abraçadores de árvores) envolvidos na política local, alguns dos quais eram também aspirantes a escritores ou artistas. Eu era amigo íntimo de uma aspirante a artista que também era ativista da preservação da floresta, uma local, do lado norte de Missoula, cujo "trabalho diurno" era fazer trabalho de retalhista de charcutaria no Worden's, na esquina da North Higgins Avenue com a Pine Street (chamemos-lhe Bryn). Ela própria, com o molho na mão, (por vezes incluindo os seus amigos, que eram de facto bastante interessantes em muitos aspectos) apresentou-me a bares de karaoke decadentes na Brooks Avenue e fora dela, e a bares lendários (para os locais) na North Higgins e arredores (Mulligan's; CharlieB's; Oxford, AmVets, Missoula ("Mo") Club, e outros). Bryn disse-me que, como escritora, eu tinha de experimentar em primeira mão as cenas e os sabores locais antes de escrever sobre eles (o que, recorde-se, é um requisito exemplar do "Oeste" americano no empreendimento da escrita).

Fui reconhecido em restaurantes, nos já mencionados bares de karaoke à noite, na baixa da cidade durante o dia na North Higgins (os condutores buzinavam e acenavam para mim), no South Gate Shopping Mall e em jantares de bebedeira (alimentados por nicotina, álcool, mexericos e sexo casual) por toda a cidade, desde as casas degradadas da zona norte, às casas de campo "bougie" em Rattlesnake, aos bungalows sem descrição nas encostas de South Hills.

Atualmente, os residentes de Missoula podem ser classificados em três categorias económicas: professores e funcionários da universidade (como Pierre); trabalhadores à distância; e escravos com salário mínimo (como Bryn). Algumas pessoas atravessam duas categorias: escritores (que, por definição, são telecomutadores) que ensinam na universidade a tempo parcial; professores que trabalham como freelancers; e um certo número de escravos de salário mínimo que tentam obter um diploma de licenciatura ou de pós-graduação ou que já obtiveram um diploma de pós-graduação (como algumas das mulheres divorciadas que conheci: uma delas tinha estudado em França com o famoso psicanalista francês Jacques Lacan e trabalhava agora numa loja de roupa usada na South Higgins Avenue e Fifth Street). De facto, muitos dos escravos com salário mínimo em Missoula são altamente qualificados. Tal como em muitas cidades universitárias americanas, existe uma força de trabalho robusta de estudantes perenes e profissionais e de licenciados amantes da natureza, ansiosos e desesperados por serem escravos para ganharem o privilégio de viver numa cidade rodeada de montanhas e trilhos para caminhadas. Para reforçar o nosso ponto de vista: em Minneapolis (onde agora resido a tempo inteiro), onde a paisagem é plana - embora com lagos - mas onde o mercado de trabalho é apertado e o desemprego ronda os 2%, os trabalhadores recebem 10 dólares por hora para virar hambúrgueres. Enquanto que em Missoula, os escritores recebem 7-8 dólares por hora numa oficina editorial local para resumir o conteúdo de websites.

(A comunidade cibernética dos transplantes de filmes de Hollywood e dos meios de comunicação social de Nova Iorque em enormes ranchos à volta de Bozeman, Flathead Lakes e noutros locais a oeste do Continental Divide, no Montana, ultrapassa definitivamente o âmbito deste ensaio e merece uma discussão aprofundada).

Repetindo: Missoula, e por extensão o estado de Montana, está de novo numa outra Fronteira, a que podemos chamar Cibernética: a transição de uma economia de escravos de salário mínimo para a economia do éter da tecnocultura cibernética. A economia de escravatura já está a diminuir em Missoula: As famílias que não conseguem suportar o aumento das despesas de habitação e de vida têm-se mudado para os parques de caravanas nos arredores da cidade. Consequentemente, as matrículas nas escolas públicas caíram vertiginosamente, resultando no encerramento de duas escolas. Porque os yuppies e os cibernautas que se mudaram para a cidade (e que constituem a comunidade cibernética) ou não eram casados e tinham filhos ou eram casados e ainda não tinham filhos. O último grupo com que me cruzei durante a minha estadia em Missoula é o dos pioneiros (se é que podemos usar este termo) desta cibercomunidade.

Porque o meu trabalho é definitivamente facilitado pelo acesso à Internet de alta velocidade, que obtive em Missoula numa empresa de Internet (situada na baixa da cidade, nas ruas South Main e Ryman) que um amigo (a quem Pierre - seu amigo - me apresentou, um exemplo da mistura dos grupos universitário e pendular: chamemos-lhe Rob - um transplantado do norte da Califórnia) possui com os seus sete empregados, a cada um dos quais paga um salário de seis dígitos mais opções de compra de

acções. Todos os seus empregados têm cônjuges (alguns com

filhos) que não trabalham porque o seu rendimento é mais do que

suficiente para sustentar o seu estilo de vida moderado em

Missoula. (Definitivamente mais do que suficiente: de facto,

durante os meus últimos dois meses em Missoula, Rob e os seus

empregados compraram todos casas enormes em Missoula e

arredores). Passava pelo menos quatro a cinco horas todos os dias

da semana na empresa de Rob (Click News-Net) a fazer o seu

trabalho online. O ambiente na Click News-Net era certamente

algo saído de um casting central para Net-Heads a trabalhar para

uma empresa cibernética: dos oito empregados (duas mulheres,

seis homens, incluindo Rob), dois trabalhavam em casa (uma

programadora e um programador web). Os que trabalhavam todos

os dias tinham horário flexível. O frigorífico da cozinha do

escritório estava cheio de pizzas congeladas, Diet Coke, Mountain

Dew e Pepsi. Quando Pierre e o seu parceiro de negócios estavam

na cidade, andavam frequentemente pelo escritório a falar para os

seus auscultadores enquanto seguravam os seus Palm Pilots.

Quando estão na cidade: Viajam frequentemente pelos Estados

Unidos e, por vezes, pela Europa em trabalho. Repito: estas pessoas, estes pioneiros da fronteira cibernética, estão a deslocar os montanheses locais a cada dia que passa.

Quando ia aos restaurantes, via sinais de uma riqueza incrível e perguntava-se de onde vinha o dinheiro. O Montana estava certamente deprimido em termos económicos. Um amigo meu, nativo de Missoulian, que trabalhava nos correios da Brooks Avenue, disse-me que quando as pessoas vinham preencher um formulário de mudança de morada (o que acontecia com bastante frequência por causa das pessoas cibernéticas que se mudavam para a cidade vindas de fora do estado), punham muitas vezes o mesmo número de telefone para o dia e para a noite: um sinal claro de que eram telecomutadores. Viviam em Montana, mas todo o dinheiro que ganhavam vinha de fora do estado e até do país. E estas mesmas pessoas cibernéticas (mais uma vez, constituindo a Ciber-Fronteira) estavam a fazer subir o mercado imobiliário e a forçar os habitantes locais e as suas famílias a sair da cidade.

E esta Cyber Frontier pode ser a última Frontier em Montana, totalmente armada, tal como está (como Atena brotada da cabeça de Zeus) com o novo Capital Global. Dentro de um nanossegundo, a escrava amante da natureza (como Bryn) deixará de poder sustentar-se no novo tempo e espaço do Capital Global. (Observei pessoalmente os destroços da fantasia de Rousseau nos rostos dos habitantes locais, cheios de cerveja, agarrados uns aos outros ou às mesas de bilhar, no meio da decoração interior do Charlie B's). A Capital está a transformar e a dobrar o espaço geográfico de Missoula no tempo da Capital. E o missuliano contemporâneo, ainda preso a uma nostalgia do mito e da história, está neste momento a ser transformado numa relíquia de museu. O cibertrabalhador (como Rob), ligado à sua maneira à luz do tempo (isto é, o tempo que leva a transmitir dados: a velocidade da luz) no ecrã do monitor à sua frente, e que produz e faz circular códigos, palavras, gráficos, dados ou dinheiro através da Internet, está a tornar-se o novo residente de Missoula - e, em certa medida, de Montana. De facto, este novo residente de Montana é ele próprio simplesmente uma interface na Internet do Capital. E a nova tecnologia que torna possível este teletrabalhador está a dissolver as fronteiras da cidade, a construir uma nova topologia digital sem limites e, o que é mais significativo, a explodir a figura do Pioneiro e do Cowboy em ranchos que nunca foram reais - ou seja, que eram virtuais - para começar.

Agora, dirijo a minha atenção para o Terceiro Mundo, onde o fosso digital é mais palpável do que no Montana, porque é subtendido por máquinas políticas e económicas criadas mais pelo capital do que pela tecnologia.

CAPÍTULO 6

Máquinas políticas e económicas: A Captura do Terceiro Mundo pelo Capital

Até agora, descrevi como o capitalismo e a tecnologia, trabalhando um para o outro, criaram várias máquinas que nos escravizam a todos através do controlo do tempo e da informação. Também analisei a ramificação destas máquinas para a fratura digital, dando o exemplo do Montana. Neste capítulo, concentro-me numa análise histórica concreta das políticas políticas políticas e económicas dos Estados Unidos, que enredam as máquinas empresariais do primeiro mundo (e o seu consumo) e a produção do terceiro mundo - importando o conceito de democracia e de mercado livre do primeiro mundo para o terceiro mundo. Mais concretamente, mostrarei como as políticas políticas políticas e económicas concretas de uma administração norte-americana lançaram as bases para a captura do terceiro mundo pelo capital.

Antes de mais, algumas estatísticas frias: Atualmente, no momento em que escrevo este artigo, a quinta parte mais rica da humanidade aufere 86% do rendimento mundial, enquanto a quinta parte mais pobre aufere apenas 1%. Depois, antes de começar, consideremos talvez os comentários de Robert Kaplan, no seu controverso *"The Coming Anarchy"*.

A história tem demonstrado que não existe um triunfo final da razão, quer se chame Cristianismo, Iluminismo ou, agora, Democracia... a democracia que estamos agora a encorajar em muitas partes do mundo é parte integrante de uma transformação em direção a novas formas de autoritarismo... muitas máquinas futuras, especialmente a nossa, poderão assemelhar-se às oligarquias da Grécia antiga ou de Esparta... [e talvez seja] em tempos tão prósperos como estes que precisamos de manter um sentido do trágico... [especialmente quando consideramos a Idade de Ouro de Atenas como o início do seu declínio.

E não foram poucos os gurus da alta tecnologia que se apressaram a apontar as semelhanças entre o terreno e o Ocidente com as novas tecnologias. Estes gurus argumentam que, nos anos 70 e 80, quando o Japão estava economicamente à frente dos Estados Unidos, os investimentos destes últimos nestas tecnologias estão finalmente a dar frutos (apesar da atual recessão da indústria "dot-com" e do declínio das acções tecnológicas) - e que os Estados Unidos estão agora a rir-se à custa de 1987, O Japão publicou um estudo sobre a economia dos EUA que citava a má gestão e as más relações laborais como causas de uma derrapagem que ameaçava reduzir os EUA a uma "economia de hambúrgueres", ao que Reagan respondeu impondo uma tarifa de 100% sobre algumas importações japonesas, em retaliação ao que chamou "práticas comerciais japonesas injustas"." E agora, o Japão tem andado à beira de uma deflação económica nos últimos dois anos, pouco antes e depois da gripe económica asiática.

Finalmente, passemos à nossa análise. Em setembro de 1994, a Administração Clinton abordou finalmente "a questão da visão" no domínio da política externa, com discursos importantes do Presidente e do Secretário de Estado e, de forma particularmente significativa, do Conselheiro de Segurança Nacional Anthony Lake, que articulou as bases intelectuais da nova doutrina Clinton na Johns Hopkins School of Advanced International Studies. Foi anunciada uma nova Estratégia Nacional de Exportação que definiu as orientações para a política económica internacional e um painel da Casa Branca sobre intervenção aplicou a doutrina neste domínio específico, tudo isto em poucos dias.

A seriedade do empreendimento foi devidamente registada com títulos como "A visão americana da política externa foi invertida", de Thomas Friedman, no *The New York Times,* implicando uma mudança dramática de política. A nova visão baseava-se numa imagem do mundo contemporâneo que se tinha expandido muito para além da opinião, ao ponto de se tornar um axioma. Thomas Friedman esboçou eloquentemente esta imagem: "A vitória da América na guerra fria foi a vitória de um conjunto de princípios políticos e económicos:

a democracia e o mercado livre". Finalmente, o mundo estava a chegar

para compreender que "o mercado livre é a onda do futuro - um futuro para o qual a América é simultaneamente o guardião e o modelo". O termo "guardião" tem um toque sinistro. Todo este caso nos faz pensar sobre como mantemos os portões, quem deixamos entrar e que tipo de modelo devemos oferecer ao mundo.

Começo com o discurso de Anthony Lake, reconhecido como a peça central da nova visão. Pomba liberal de longa data, Lake explicou que "durante a guerra fria, contivemos uma ameaça global às democracias de mercado: agora devemos procurar alargar o seu alcance". Tendo a contenção sido bem sucedida, podemos agora passar ao "alargamento - alargamento da comunidade mundial livre das democracias de mercado". O título do seu discurso era: "Da contenção ao alargamento".

Esta nova visão substituiu a posição defensiva dos cinquenta anos anteriores. As pessoas em todo o lado podiam abraçar esta nova partida, apercebendo-se de que, obviamente, os EUA eram diferentes de qualquer outra nação do passado ou do presente, observou Lake, na medida em que "não procuramos expandir o alcance das nossas instituições pela força, subversão ou repressão". Os comentadores ficaram devidamente impressionados com esta posição esclarecida. Uma pessoa racional que quisesse saber o que a União Soviética (pré-

Gorbachev) estava a tentar fazer nos assuntos mundiais iria, naturalmente, olhar para o que a União Soviética fazia onde a sua influência chegava, especificamente, nos seus satélites da Europa de Leste.

Ao fazer esse exercício, as pessoas sãs - partindo do princípio de que não caíram no ridículo - teriam sabido avaliar um anúncio de Leonid Brejnev de que a então URSS já não se contentaria em conter o Império do Mal, mas que passaria agora ao "alargamento" da comunidade de sociedades livres e democráticas. Da mesma forma, as pessoas sãs que quisessem saber o que os EUA estavam a tentar fazer nos assuntos mundiais olhariam para o que fizeram onde a sua influência chegou e avaliariam o anúncio da nova visão nestes termos - mais uma vez, assumindo que não caíram simplesmente no ridículo. É interessante que as questões que ocorreriam ao meu filho de onze anos não parecem ter sido levantadas. Esta posição pode ser justificada pelo argumento, muitas vezes expresso em círculos sofisticados, de que os factos são irrelevantes no caso especial dos Estados Unidos.

Assim, na prestigiada revista *International Security,* Samuel Huntington, Professor Eaton de Ciência do Governo na Universidade de Harvard, ensinou-nos que os Estados Unidos devem manter a sua "primazia internacional" em benefício do mundo, porque a sua "identidade nacional é definida por um conjunto de valores políticos e económicos universais", nomeadamente "liberdade, democracia, igualdade, propriedade privada e mercados". Uma vez que se trata de uma questão de definição, como ensinava a Ciência do Governo, seria um erro de lógica trazer à colação o registo factual, e estaríamos simplesmente a ilustrar a nossa tolice ao fazê-lo, como se o Winston Smith de Orwell tivesse feito experiências com objectos espalhados sobre uma mesa para testar a negação do Big Brother de que $2+2 = 43$. Continuemos, no entanto, com a nossa parvoíce.

Posso também abordar brevemente as preocupações centrais de Orwell, às quais não foi dada a proeminência da sua crítica ao inimigo oficial. Numa introdução inédita a *Animal Farm,* Orwell escreveu: "O facto sinistro da censura literária em Inglaterra é que é em grande parte voluntária. As ideias impopulares podem ser silenciadas e os factos inconvenientes mantidos na obscuridade, sem necessidade de qualquer proibição oficial." O resultado desejado é alcançado, em parte, pelo "acordo tácito geral de que 'não seria bom' mencionar esse facto em particular", em parte como consequência da concentração dos meios de comunicação nas mãos de "homens ricos que têm todos os motivos para serem desonestos em certos tópicos importantes". Como resultado, "qualquer pessoa que desafie a ortodoxia prevalecente vê-se silenciada com uma eficácia surpreendente".

Orwell acreditava que os Estados Unidos eram diferentes, mais livres e abertos. John Dewey, mais familiarizado com a cultura intelectual dos EUA, não cometeu esse erro. Falando da "nossa imprensa não livre", Dewey observou que a crítica de "abusos específicos" tem um valor limitado:

A única abordagem realmente fundamental ao problema é inquirir sobre o efeito necessário do atual sistema económico sobre todo o sistema de publicidade; sobre o julgamento do que são as notícias, sobre a seleção e eliminação do material que é publicado, sobre o tratamento das notícias tanto nas colunas editoriais como nas colunas de notícias.

Por isso, o autor do relatório pergunta "até que ponto a verdadeira liberdade intelectual e a responsabilidade social foram possíveis em grande escala no regime económico atual". Não muito longe, julgou ele. A reação à nova visão de Clinton enquadrava-se bem nestes critérios, embora documentar como isto era uma obsessão fosse uma perda de tempo, como Orwell e Dewey reconheceram. Quanto mais firmes forem as conclusões estabelecidas, desafiando a doutrina de apoio ao sistema, mais elas devem ser suprimidas; se as conclusões fossem estabelecidas pelos padrões da física, teriam de ser enterradas tão profundamente na memória que ficariam completamente irrecuperáveis. Voltando às questões que ocorreriam imediatamente a uma criança pré-ideológica de onze anos, para avaliar o anúncio da nova visão, volto-me para o comportamento dos EUA nas regiões onde a sua influência chegou.

As opções são muitas, uma vez que os EUA eram agora uma potência mundial. Mas a mais esclarecedora será certamente a do hemisfério ocidental, onde os EUA há muito mandam praticamente sem interferência, pelo que os seus valores e convicções mais profundos se revelam com grande clareza. De acordo com a doutrina que devemos aceitar como um axioma, "durante toda a Guerra Fria contivemos uma ameaça global às democracias de mercado" no Hemisfério Ocidental, nunca tendo procurado expandir o nosso poder "pela força, subversão ou repressão", desde os dias em que estávamos a "exterminar... aquela infeliz raça de nativos americanos... com uma crueldade tão impiedosa e pérfida" (John Quincy Adams), até ao presente. Para dar a melhor cara possível a estes axiomas que não podem ser questionados, seleccionemos os momentos culminantes do liberalismo americano, os dias de JFK e LB J (que ultrapassou de longe o seu antecessor no seu empenhamento nos ideais liberais).

Tomando apenas o caso mais importante dos muitos que me vêm à mente, a verdade maior implica, então, que no auge do liberalismo moderno, JFK e LB J se dedicaram ao derrube violento do governo parlamentar no Brasil em favor de um Estado de Segurança Nacional, a fim de conter uma ameaça global à democracia de mercado. Foi assim, de facto, que a questão foi entendida. O embaixador de Kennedy

Lincoln Gordon, que se mudou para Washington depois de ajudar a lançar as bases para o golpe, elogiou a "rebelião democrática" dos generais neonazis como "uma grande vitória para o mundo livre", "um dos principais pontos de viragem na história mundial". "O principal objetivo da revolução brasileira era preservar e não destruir a democracia brasileira", informou o respeitado estadista liberal democrata ao Congresso dois anos mais tarde, enquanto os torturadores e assassinos estavam - muito visivelmente - a trabalhar. Foi "a vitória mais decisiva da liberdade em meados do século XX", testemunhou, e deveria "criar um clima muito melhor para investimentos privados" - um comentário que podemos arquivar para referência posterior.

Depois de deixar o Departamento de Estado, Gordon tornou-se presidente da Universidade Johns Hopkins, onde, recorde-se, Lake anunciou a nova revolução na política externa. À medida que os generais instituíam um regime de terror fascista, o Brasil tornava-se "o queridinho latino-americano da comunidade empresarial internacional", noticiou a imprensa de negócios. O novo regime foi também saudado pelos principais apóstolos académicos do mercado livre, muito impressionados com a pureza da doutrina dos tecnocratas e com o "milagre" que tinham realizado - embora, para ser justo, se deva acrescentar que houve reservas ocasionais quanto à violência sádica com que o milagre foi instituído. A euforia persistiu durante a década de 1980, até que as fortunas dos ricos começaram a ser afectadas pelo desastre económico, altura em que os métodos que tinham sido aclamados como uma "verdadeira história americana de sucesso", produzindo um "impressionante crescimento económico solidamente baseado no capitalismo", foram subitamente transmutados numa prova do fracasso da interferência estatista nos nossos ideais de mercado; a auto-adulação, que não é atípica, é citada numa monografia académica de 1989, muito conceituada, de Gerald Haines, historiador sénior da CIA.

O Brasil é um caso muito elucidativo, talvez pela razão de que "não seria bom" refletir sobre as lições óbvias. O Brasil é, de longe, o país mais importante da América Latina, firmemente controlado pelos Estados Unidos desde 1945, quando se tornou uma "área de teste para os métodos científicos modernos de desenvolvimento industrial" aplicados por especialistas norte-americanos, observou Haines com orgulho. Este país com enormes recursos deveria ser o "Colosso do Sul", ao lado do "Colosso do Norte", como previsto no início do século. O Brasil não teve inimigos estrangeiros e beneficiou não só de uma cuidadosa tutela americana, mas também de investimentos substanciais. A captura do Brasil pelo capital mostra, portanto, com grande clareza, o que os EUA podem conseguir ao "alargar a comunidade livre das democracias de mercado" em condições quase ideais.

Os êxitos são suficientemente reais. O Brasil tem desfrutado de uma taxa de crescimento muito elevada, que conferiu uma enorme riqueza a todos, exceto à sua população - à exceção dos poucos por cento do topo, que vivem ao nível dos ocidentais mais ricos. O Brasil é uma sociedade fortemente dividida em dois níveis. Grande parte da população vive a um nível que faz lembrar a África Central e Ocidental. Enquanto Haines saudava a história de sucesso do capitalismo à americana, o Relatório das Nações Unidas sobre o Desenvolvimento Humano classificava este país rico e privilegiado em 80º lugar, a par da Albânia e do Paraguai. No nordeste brasileiro, pesquisadores médicos descreveram uma nova subespécie: Os "pigmeus", com 40% da capacidade cerebral dos humanos, graças à desnutrição severa numa região de terras férteis, propriedade de grandes plantações que produzem culturas de exportação de acordo com as doutrinas pregadas pelos seus consultores especializados. Centenas de milhares de crianças morrem de fome todos os anos nesta história de sucesso, que também ganha prémios mundiais pela escravatura infantil e pelo assassínio de crianças de rua - em alguns casos para exportação de órgãos para transplante, segundo fontes brasileiras respeitadas.

Talvez o Brasil fosse invulgar. Poderíamos, portanto, olhar para outro lado, talvez para a Guatemala, transformada numa "montra do capitalismo" em 1954, quando Washington derrubou o governo capitalista democrático, e que em breve celebrará o quadragésimo ano dos nossos feitos no extermínio de outra "infeliz raça de nativos americanos com uma crueldade tão impiedosa e pérfida", juntamente com outros que estavam no caminho. Ou El Salvador, destinatário de cerca de 6 mil milhões de dólares de "ajuda" dos EUA na década de 1980. Os resultados, sempre bem conhecidos fora da "ortodoxia dominante" de Orwell, foram recentemente revistos pela Comissão da Verdade das Nações Unidas, que atribuiu 85% do horrendo registo de atrocidades às forças de segurança treinadas, armadas e aconselhadas pelos EUA, e outros 10% aos esquadrões da morte a elas ligados e ao rico sector empresarial que os EUA esperam manter firmemente no poder.

Entretanto, os media corporativos americanos declararam-se chocados com a revelação do que tinham optado por suprimir quando era importante. A Administração Clinton reagiu criando uma Comissão para investigar esta história sombria; o seu mandato era melhorar os procedimentos, nada mais, porque "não queremos voltar a travar as batalhas dos anos 1980. Não somos uma administração de limpeza". O governo salvadorenho concordou, emitindo uma amnistia para os assassinos e torturadores, em violação grosseira dos acordos de paz que estabeleceram a Comissão da Verdade, que afirmava que os culpados deviam ser punidos, e rejeitando a exigência da

Comissão da Verdade de que o Supremo Tribunal fosse desmantelado, tendo em conta o seu historial de cumplicidade nas atrocidades.

Imediatamente após a publicação do relatório da Comissão da Verdade, a Arena, o partido político dos assassinos, que os EUA continuaram a apoiar, realizou a sua convenção para nomear o seu candidato para as próximas eleições, Armando Calderon Sol. O partido dedicou-se de novo a defender a memória do seu fundador, Roberto d'Aubuisson, um dos grandes assassinos da América Central, formado na Escola das Américas, atualmente em Ft. Benning, Geórgia. Calderon Sol declarou que o partido está unido "mais do que nunca para defender a memória [de d'Aubuisson]", enquanto o salão da convenção ecoava com a música tema da Arena, que prometia fazer de "El Salvador o túmulo onde os vermelhos vão parar" - o termo "vermelhos" sendo entendido de forma bastante ampla, como os eventos mostraram. Também em El Salvador, nossa defesa da democracia de mercado não poupou seus beneficiários de nenhum horror.

A procuradora do governo salvadorenho para a defesa das

crianças, Victoria de Aviles, reconheceu que o "grande comércio de crianças em El Salvador" envolvia não só o rapto e uma gratificante melhoria das exportações, mas também a sua utilização "para vídeos pornográficos, para transplantes de órgãos, para adoção e para prostituição". Dificilmente um segredo, observou o veterano correspondente britânico na América Latina, Hugh O'Shaughnessy, recordando a sua observação direta de uma operação do exército salvadorenho, em junho de 1982, perto do rio Lempa, onde as tropas treinadas pelos Estados Unidos "tiveram um dia de caça ao bebé muito bem sucedido", carregando os seus helicópteros com 50 bebés cujos "pais nunca mais os viram". A reportagem de O'Shaughnessy sobre "Bebés para levar para casa, criados por encomenda" apareceu no *London Observer* no mesmo dia em que o *Times* apresentou os comentários edificantes e admirados de Anthony Lake sobre o "alargamento" da nossa missão tradicional de misericórdia e benevolência.

Não é necessário continuar a analisar a forma como "contivemos uma ameaça global à democracia de mercado" na "nossa pequena região aqui", como o Secretário de Guerra de FDR, Henry Stimson, descreveu o Hemisfério Ocidental. Basta recordar um aviso lançado por Simon Bolívar em 1822, quando procurava libertar a América Latina do domínio espanhol: "Há à frente deste grande continente um país muito poderoso, muito rico, muito guerreiro e capaz de tudo" - incluindo a evasão de "factos inconvenientes". É claro que o poder dos EUA se estendeu muito para além do hemisfério ocidental. O exemplo óbvio para o qual o meu filho de onze anos olharia para avaliar o axioma pressuposto é o das Filipinas, que beneficiou de quase um século de domínio, tutela e assistência dos Estados Unidos desde a sua libertação pelo massacre. O país está situado na principal zona de crescimento do mundo, onde continua a ser o único caso perdido, muito semelhante ao modelo latino-americano. Poderá isso dizer-nos alguma coisa sobre o nosso papel na promoção da democracia de mercado?

Poder-se-ia escrever um artigo revelador e muito breve sobre a forma como a questão tem sido abordada na literatura respeitável. Ficamos a saber mais sobre o nosso papel de "guardião e modelo" através de um estudo do Banco Mundial publicado no *Financial*

Times de Londres, na altura em que a nova visão da política externa foi divulgada nos EUA. O Banco Mundial concluiu que a América Latina tem "a distribuição de rendimentos mais desigual do mundo" e previu o "caos", a menos que os governos "actuem agressivamente contra a pobreza", que é verdadeiramente aterradora na sua profundidade e escala. Porque é que a América Latina há-de ganhar também este glorioso recorde? Outra pergunta óbvia, que se situa muito para além dos horizontes da respeitabilidade. Essas interessados numa resposta podem olhar para trás, para 1945, quando os Estados Unidos se lançaram na sua cruzada para "conter a ameaça global às democracias de mercado" - ou, como diz o historiador sénior da CIA, quando "os Estados Unidos assumiram, por interesse próprio, a responsabilidade pelo bem-estar do sistema capitalista mundial".

Na "nossa pequena região aqui", os nossos inimigos estrangeiros - a França e a Grã-Bretanha - deviam ser deslocados, para que pudéssemos ter mão livre. Isto era bastante simples, mas surgiu outro problema: Os latino-americanos não tinham frequentado os cursos de pós-graduação adequados e não compreendiam os princípios fundamentais da racionalidade económica, que exigiam que o seu desenvolvimento fosse "complementar" à economia dos Estados Unidos, de acordo com o princípio sagrado da vantagem comparativa. Os países latino-americanos defendiam o que um funcionário do Departamento de Estado descreveu como "a filosofia do novo nacionalismo", que "abraça políticas concebidas para levar a uma distribuição mais ampla da riqueza e para elevar o nível de vida das massas".

Outro perito do Departamento de Estado referiu que "o nacionalismo económico é o denominador comum das novas aspirações de industrialização. Os latino-americanos estão convencidos de que os primeiros beneficiários do desenvolvimento dos recursos de um país devem ser o povo desse país". Estas prioridades erradas iam diretamente contra os planos de Washington. A questão chegou ao auge numa conferência hemisférica em fevereiro de 1945, onde os EUA apresentaram a sua "Carta Económica das Américas", que apelava ao fim do nacionalismo económico "em todas as suas formas". Os primeiros beneficiários dos recursos de um país deviam ser os investidores americanos e os seus associados locais, e não "o povo desse país".

Não poderia haver uma "distribuição mais alargada da riqueza" ou uma melhoria do "nível de vida das massas", a não ser que, por um acidente improvável, isso resultasse de políticas concebidas para servir os interesses daqueles que têm a primeira prioridade.

Dado o poder dos Estados Unidos, a racionalidade económica prevaleceu, com as consequências que o Banco Mundial agora teme. Todas estas consequências eram felizmente invisíveis para os triunfalistas. Talvez algo tenha mudado, digamos, na década de 1980, quando o anseio pela democracia se tornou um princípio orientador da nossa política externa, de acordo com as pessoas que pensam corretamente.

Em vez de emitir um juízo, deveríamos citar o de Thomas Carothers, um dos infiltrados de Reagan no Departamento de Estado do Gabinete para a América Latina que "trabalhou numa variedade de projectos de assistência destinados a promover a democracia na América Latina e nas Caraíbas", relatou, e escreveu extensivamente sobre as consequências; não tinha dúvidas sobre a "sinceridade" dos esforços, embora até o seu próprio relato fosse suficiente para mostrar que eram totalmente cínicos na sua conceção.

Carothers encontrou uma correlação negativa entre a influência dos EUA e a ascensão da democracia no hemisfério. Onde a influência dos EUA era menor, no cone sul, ocorreram passos em direção à democracia, com a oposição da Administração Reagan, que mais tarde se apressou a assumir o crédito por eles.

Onde a influência dos Estados Unidos era maior, os efeitos eram piores, de facto muito piores do que Carothers reconhecia, dada a sua conceção convencional e pouco rigorosa de "democracia", embora articulasse claramente o ponto principal. Washington adoptou "políticas pró-democracia como forma de aliviar a pressão para uma mudança mais radical", escreveu, "mas inevitavelmente procurou apenas formas limitadas de mudança democrática, do topo para a base, que não corressem o risco de perturbar as estruturas tradicionais de poder com as quais os Estados Unidos estão aliados há muito tempo". O seu "impulso é promover a mudança democrática, mas o objetivo subjacente é manter a ordem básica de sociedades que, pelo menos historicamente, são bastante antidemocráticas".

Os Estados Unidos mantiveram-se fiéis a "formas muito limitadas e controladas de mudança democrática" devido ao seu "profundo receio... de uma mudança de base populista na América Latina, com todas as suas implicações para perturbar as ordens económicas e políticas estabelecidas e seguir numa direção de esquerda". Os aliados de Washington eram, portanto, "as estruturas de poder existentes", e não aqueles que trabalham "de baixo para cima para difundir as ideias e os princípios de uma sociedade democrática entre os cidadãos". De facto, foram esses malfeitores que foram deixados nas valas, torturados e mutilados, mandados para o seu devido lugar pelas forças de segurança que treinámos, armámos e aconselhámos - embora a consciência dessa verdade decisiva fosse demasiado esperada. E quanto à "ameaça global" às "democracias de mercado" que estávamos a defender na América Latina? Veja-se o caso do Brasil, onde os serviços secretos norte-americanos não conseguiram encontrar qualquer indício de intrusão soviética, mesmo que tal fosse imaginável. De facto, na "nossa pequena região" não havia russos à vista, a não ser que os convidássemos virtualmente a entrar.

É perfeitamente verdade que os alvos dos ataques dos EUA

procuravam ajuda de algum lado e, como não a iam obter dos subordinados do Enforcer, acabavam por se virar para os soviéticos, que por vezes estavam dispostos a ajudar, pelas suas próprias razões cínicas, e nesse caso as vítimas dos EUA tornavam-se tentáculos do Império do Mal, que temos de destruir em autodefesa. Pela mesma lógica, um Anthony Lake soviético poderia ter argumentado que a URSS estava a defender a liberdade e a democracia no Afeganistão da "ameaça global" do imperialismo americano e das suas forças terroristas - que, desde a libertação do domínio soviético, destruíram e massacraram com grande zelo e sucesso, outro "facto inconveniente" que merece pouca atenção. De pouco serviria, por exemplo, focar as proezas do favorito da CIA, Gulbuddin Hekmatyar, um dos fanáticos fundamentalistas islâmicos mais extremistas do mundo, principal responsável por 30.000 mortes só na capital Cabul, segundo *The Economist*, ultrapassando Pol Pot em Phnom Penh, ao que parece. Talvez a "ameaça global" se refira aos comunistas indígenas. Há muito a dizer sobre este assunto, incluindo algumas reflexões sobre a doutrina conhecida de que a democracia exige a exclusão dos "comunistas" do sistema político, se necessário através da violência.

(No capítulo final, falarei mais sobre todas as ironias da narrativa que se desenrola atualmente e que envolve os mujahedin, os talibãs, o Afeganistão, Osama bin Laden e os Estados Unidos). Assim, quando o regime de terror apoiado pelos EUA estava a fazer o seu trabalho no Irão, após o golpe de Estado da CIA-MI6 de 1953 que derrubou o governo parlamentar conservador, *o The New York Times* elogiou os clientes dos EUA pelo seu "longo historial de sucesso na derrota da subversão sem suprimir a democracia", referindo com agrado a supressão do "partido Tudeh pró-soviético", anteriormente "uma verdadeira ameaça", mas "considerado agora completamente liquidado", e dos "nacionalistas extremistas" que tinham sido "completamente liquidados",", registando com agrado a supressão do "partido pró-soviético Tudeh", anteriormente "uma verdadeira ameaça" mas "considerado agora completamente liquidado", e dos "nacionalistas extremistas" que tinham sido quase tão subversivos como os comunistas - todos liquidados sem suprimir a "democracia"." A prática era, mais uma vez, normal e passou sem grandes comentários, dado o conceito prevalecente de "democracia". Ainda mais interessante, talvez, foi a forma como o conceito "comunista" foi entendido.

Aqui, o registo é volumoso e consistente: para ganhar o título de "comunista", basta trabalhar "de baixo para cima", apelando às "pessoas pobres" que "sempre quiseram pilhar os ricos", como John Foster Dulles descreveu a praga. Foi precisamente por isso que a guerra terrorista dos Estados Unidos na América Central, motivada pelo "impulso sincero" de levar a democracia, foi em grande medida uma guerra contra a Igreja - "comunistas", no sentido técnico, uma vez que os Bispos tinham adotado "a opção preferencial pelos pobres". A este respeito, nada mudou, pois as novas visões substituem as antigas.

Deixemo-nos de tretas sobre o nosso amor pela democracia e olhemos para o mercado, aproximando-nos assim, pelo menos, do mundo real. Recorde-se a única afirmação citada de Lincoln Gordon que não provoca simplesmente arrepios na espinha: o triunfo neonazi deveria "criar um clima muito melhor para os investimentos privados", como de facto aconteceu. É bem verdade que procuramos impor a disciplina do mercado ao terceiro mundo, incluindo agora as grandes regiões da Europa Central que poderão regressar às suas origens terceiro-mundistas. Mas as odes ao mercado são cuidadosamente elaboradas para esconder dois factos importantes.

Primeiro, a disciplina de mercado no terceiro mundo é atractiva porque deixará as sociedades abertas à pilhagem ocidental. Em segundo lugar, as maravilhas do mercado são para eles, não para nós, e sempre foram: todas as sociedades desenvolvidas bem sucedidas, da Grã-Bretanha aos Tigres da Ásia Oriental e incluindo dramaticamente os EUA, ganharam esse estatuto através da violação radical das doutrinas que impomos aos pobres e mantêm esse estatuto da mesma forma. A segunda vertente da nova visão, o novo programa económico internacional de Clinton, reflectia a compreensão destes truísmos.

Enquanto a retórica da Administração sobre as maravilhas do comércio livre se multiplicava nas primeiras páginas, como parte da campanha de relações públicas para fazer passar uma versão impopular (e, de facto, altamente protecionista) de um Acordo de Comércio Livre da América do Norte (NAFTA), as secções de negócios noticiavam a nova Estratégia Nacional de Exportação, que deverá ir muito além dos "esforços menos coordenados" de Reagan e Bush, com uma expansão planeada dos empréstimos do Banco de Exportação-Importação, que, como os Reaganitas tinham admitido no seu tempo, já violava as regras do GATT (agora OMC).

A Administração Clinton opôs-se às medidas que estava a implementar, segundo a imprensa, porque "equivalem a subsídios governamentais que distorcem os mercados internacionais". Mas não há contradição. Como explicou o ex-presidente do FMI, Kenneth Brody, "ao criar um programa deste tipo nos Estados Unidos, a administração Clinton teria mais influência na procura de limites internacionais para este tipo de empréstimos". O Presidente também aprovou um programa independente que libertaria 3 biliões de dólares em garantias de empréstimos a compradores nacionais e estrangeiros de navios construídos nos EUA - mais uma vez, com o objetivo de induzir outros a acabar com estas interferências grosseiras no mercado, explicou *o The Wall Street Journal*. A lógica será imediatamente reconhecida: a guerra traz a paz, o crime traz a lei, a produção e venda de armas traz a redução de armas e a não-proliferação, o derrube de governos democráticos traz "demonstrações de democracia", e assim por diante. Por outras palavras, vale tudo, desde que haja uma boa resposta à pergunta: "O que é que ganhamos com isso?" As verdades simples foram sublinhadas pelo Secretário do Tesouro de Clinton, Lloyd Bentsen: "Estou farto de condições equitativas", disse ele: "Devíamos inclinar o campo de jogo para as empresas americanas. Devíamos tê-lo feito há 20 anos". De facto, "nós" (ou seja, o poder estatal-corporativo) temos vindo a fazê-lo há dois séculos, de forma dramática nos últimos cinquenta anos, e ainda mais sob os Reaganites. Mas essa é a imagem errada a transmitir.

É preferível falar calorosamente das realizações Carter-Reagan no sentido de avançar "em direção a um reforço da defesa e a uma menor intervenção do governo na economia" - o economista de Harvard e editor colaborador *do Wall Street Journal*, Robert Barro, fingindo (tem de ser um fingimento) que não sabia que o Pentágono é, e foi explicitamente concebido para ser, uma forma maciça de interferência do governo na economia para garantir que a indústria de alta tecnologia se alimenta da fonte pública. Os Reaganitas tinham aberto novos caminhos na violação da ortodoxia do mercado em benefício das corporações sediadas nos EUA, mas não foram suficientemente longe para satisfazer a comunidade empresarial, uma das razões do substancial apoio financeiro das corporações ao programa de Clinton como Novo Democrata. E os novos programas, tal como os antigos, foram descritos na imprensa de negócios, conhecida pela sua devoção às necessidades dos trabalhadores, como tendo por objetivo aumentar os "empregos", um termo que assumiu o significado da palavra impronunciável "lucros" na linguagem convencional.

A frase "O que é que nós ganhamos com isso?" é da terceira componente da nova visão de Clinton, as decisões do painel de intervenção da Casa Branca. O painel de Clinton decidiu pôr fim à era do altruísmo. Acabou-se o "bom rapaz", como nos dias em que transformámos grande parte do mundo em cemitérios e desertos. A partir de agora, a consideração orientadora será "O que é que ganhamos com isso?", as palavras que *o The New York Times* destacou no seu relatório. O relatório completo de Thomas

Friedman sobre a nova doutrina do "alargamento" completou o quadro. O Conselheiro de Segurança Nacional, observou, centrou-se no facto de que "num mundo em que os Estados Unidos já não têm que se preocupar diariamente com uma ameaça nuclear soviética, onde e como intervêm no estrangeiro é cada vez mais uma questão de escolha". Essa é a "essência" da nova doutrina, sublinhou Friedman, uma doutrina que reflecte clara e explicitamente o entendimento de que a "ameaça nuclear" era a dissuasão soviética à intervenção dos EUA. Agora que a dissuasão desapareceu, a intervenção pode ser efectuada livremente, como já tinha sido observado anos antes por outros, com o fim da Guerra Fria.

Resumindo, a nova visão era que, na economia internacional, já não ficaríamos satisfeitos com um "level playing field" para as empresas americanas, mas construiríamos uma inclinação adequada violando as regras do comércio livre de forma ainda mais completa do que antes. E, com o fim da dissuasão, interviríamos onde e como quiséssemos, embora apenas quando houvesse algo de vantajoso para nós. O termo técnico para esta posição é "a Política do Sentido", à qual os Clintons eram sinceramente devotados.

Na verdade, não havia nada de novo na nova visão, para além de ajustamentos tácticos que reflectiam as novas realidades do poder global. O clima de desespero no terceiro mundo é fácil de compreender, independentemente da catástrofe do capitalismo global que devastou as colónias tradicionais. Foi captado por um importante teólogo brasileiro, o Cardeal Paulo Evaristo Arns, de São Paulo, Brasil, que observou que em todo o terceiro mundo "há ódio e medo: quando é que eles vão decidir invadir-nos", e sob que pretexto? E pelo principal jornal egípcio, o quase-govemmental *Al-Ahram,* que descreveu a nova ordem mundial como "pirataria internacional codificada".

Outra componente da nova visão foi divulgada à imprensa quando as suas caraterísticas básicas estavam a ser apresentadas publicamente: um projeto de relatório sobre o secretismo governamental enviado ao Conselho de Segurança Nacional pelo Gabinete de Supervisão da Segurança da Informação de Clinton. O relatório recomendava que os documentos confidenciais fossem mantidos durante mais tempo do que era prática durante a Guerra

Fria, à exceção da regra dos reacionários Reaganistas, cujo compromisso com o poder do Estado e o secretismo ia muito além da norma. Segundo a AP, a sua decisão de 1982 de manter "virtualmente todos os documentos [secretos do governo] classificados indefinidamente" deveria ser flexibilizada, com restrições de apenas quarenta anos, em comparação com o "período de retenção" de Nixon de trinta anos e o de Carter de vinte anos.

O grupo de trabalho de Clinton também recomendou uma análise lenta e extremamente dispendiosa de documento a documento, em vez de uma desclassificação em massa, e apelou a um "equilíbrio entre o interesse público e as preocupações de segurança nacional", conforme determinado pelos "funcionários da agência". O procedimento de desclassificação automática de certos documentos ultra-secretos, fixado em dez anos por Nixon e em seis por Carter, deveria ser alargado para quinze anos, propunha o grupo de trabalho. Voltando à nossa atitude em relação aos mercados, o sistema doutrinário deparou-se com problemas inesperados entre a população, que se esperava que ficasse em silêncio e ignorasse enquanto os executivos do Estado faziam passar a sua versão secreta do NAFTA, grosseiramente mal interpretada como um "acordo de comércio livre". Perante a inesperada oposição popular, foi necessário reavivar os modos tradicionais de controlo da população. Em anos anteriores, tinham sido levadas a cabo enormes campanhas de propaganda para vencer as ideias desviantes entre o público em geral, nomeadamente após a Segunda Guerra Mundial, quando o mundo foi varrido por uma corrente de reforma social, amargamente combatida pelo governo dos EUA no país e no estrangeiro.

O sucesso na inversão destas tendências foi grande na maior parte do mundo, incluindo os próprios Estados Unidos, embora na Europa e no Japão o ataque ao trabalho e à democracia não tenha atingido todos os seus objectivos e os países tenham adotado uma espécie de "contrato social" que incluía ideias depravadas como os cuidados de saúde, os direitos dos trabalhadores e outros desvios aos princípios para os quais servimos de guardiães e de modelo. Nos Estados Unidos, a onda foi contrariada, em parte, por esforços maciços de propaganda orquestrados pela Câmara de

Comércio e pelo Conselho de Publicidade, que conduziram uma campanha de 100 milhões de dólares para utilizar todos os meios de comunicação social para "vender" o sistema económico americano - tal como o concebiam - ao povo americano. O programa foi oficialmente descrito como um "grande projeto para educar o povo americano sobre os factos económicos da vida". As empresas "iniciaram programas extensivos para doutrinar os empregados", relatou o principal jornal de negócios Fortune, submetendo o seu público cativo a "Cursos de Educação Económica" e testando o seu compromisso com o sistema de "livre empresa" - ou seja, o "americanismo". A escala era "espantosa", observou o sociólogo Daniel Bell (na altura editor *da Fortune*), à medida que o mundo dos negócios procurava inverter o impulso democratizante dos anos da Depressão e restabelecer a hegemonia ideológica do "sistema de livre empresa".

Um inquérito conduzido pela American Management Association (AMA) revelou que muitos líderes empresariais consideravam a "propaganda" e a "educação económica" como sinónimos, afirmando que "queremos que o nosso pessoal pense corretamente". A AMA referiu que o comunismo, o socialismo e determinados partidos políticos e sindicatos "são frequentemente alvos comuns dessas campanhas", que "alguns empregadores vêem... como uma espécie de 'batalha de lealdades' com os sindicatos" - uma batalha bastante desigual, tendo em conta os recursos disponíveis, incluindo os meios de comunicação social das empresas, que ofereciam os serviços gratuitamente, na altura como agora. Os resultados foram notáveis, deixando os EUA fora do espetro das sociedades industriais em matéria de questões sociais e direitos humanos básicos. Os cuidados de saúde são um caso que finalmente ganhou atenção, uma vez que o sistema privado, altamente burocratizado e ineficiente, começou a tornar-se um fardo demasiado pesado para as empresas, embora os EUA continuem, ao que parece, a ser os únicos a fazer aprovar - mais uma vez, contra a oposição popular - um sistema altamente regressivo (não baseado em impostos) e que atende cuidadosamente às necessidades das poucas e enormes companhias de seguros que vão assumir o papel central de gestão, com custos públicos substanciais. Podemos notar que isto é caraterístico do "Estado Providência". Uma imagem

minimamente realista do fenómeno terá em conta as medidas
fiscais destinadas a beneficiar os ricos, que se traduzem em
pesadas prestações sociais do Estado.

Analisando a escala destes dispositivos, o cientista político
Christopher Howard salientou que "um facto crucial permanece:
as classes de rendimento médio e alto são os principais
beneficiários do Estado-providência oculto". Assim, "mais de
80% dos benefícios fiscais para juros de hipotecas de casas,
contribuições de caridade e impostos imobiliários vão para
aqueles que ganham mais de 50.000 dólares", para não falar da
"grande fração de despesas fiscais que subsidiam benefícios
marginais corporativos". Passando a uma conceção totalmente
realista do "Estado-providência", teremos também em conta o
sistema do Pentágono, os dispositivos de promoção das
exportações e outras medidas destinadas a fornecer subsídios aos
contribuintes ricos - para proteger "empregos", na linguagem
corrente. O novo programa de reforma da saúde está bem
concebido para satisfazer as condições da guerra de classes
unilateral que orienta a política em geral. No que respeita à

reforma da saúde, tem sido possível até agora manter as opções

dentro de um espetro estreito que exclui o público em geral, que

continua a favorecer um sistema padrão baseado em impostos

(pagador único) por margens consideráveis, como tem sido o caso

desde meados da década de 1940. Mas, no que respeita ao

"comércio livre", a disciplina sofreu uma erosão significativa (não

necessariamente por boas razões, um assunto diferente).

Por conseguinte, como já foi referido, era necessário tomar

"medidas de controlo da população", para adotar alguma

terminologia da literatura sobre contra-insurreição. Regressando

aos métodos tradicionais utilizados pela indústria de relações

públicas, o *The New York Times,* num artigo de primeira página,

ofereceu graciosamente às massas tolas "A Primer: Why

Economists Favor Free-Trade Agreement". Os críticos da versão

executiva do NAFTA são declarados mentirosos "maliciosos",

sendo o que dizem totalmente ignorado, para além dos alvos

fáceis e irrelevantes.

The *Times* explica pacientemente as "ideias fundamentais" sobre

o comércio internacional que não mudaram durante 250 anos,

citando o "lendário livro de texto" em que Paul Samuelson cita

John Stuart Mill para dizer que o comércio internacional

proporciona "um emprego mais eficiente das forças produtivas do

mundo". Quem, a não ser um lunático, poderia opor-se a isso?

Para sermos concretos, quem, a não ser um lunático, se poderia

opor ao desenvolvimento de uma indústria têxtil na Nova

Inglaterra no início do século XIX, quando a produção britânica

era tão mais eficiente que metade do sector industrial da Nova

Inglaterra teria ido à falência sem tarifas proteccionistas muito

elevadas, interrompendo assim o desenvolvimento industrial nos

Estados Unidos? Ou os direitos aduaneiros elevados que minaram

radicalmente a eficiência económica para permitir que os Estados

Unidos desenvolvessem o aço e outras capacidades de produção?

Ou as distorções grosseiras do mercado que criaram a eletrónica

moderna?

Quem poderia ser tão tolo ao ponto de não compreender que

estaríamos muito melhor se os Estados Unidos continuassem a

perseguir a sua vantagem comparativa na exportação de peles e

colheitas dos solos pedregosos da Nova Inglaterra, enquanto a

Índia produzia têxteis e navios e, tanto quanto podemos adivinhar, poderia ter liderado o caminho para a revolução industrial?

Talvez com o Egito, que talvez não tivesse tido de recorrer a uma violação tão radical dos princípios do mercado, como o extermínio dos nativos e a escravatura, para permitir ao Rei Algodão alimentar a revolução industrial, como fizeram os britânicos e os americanos. E quem poderia ser tão ridículo ao ponto de contemplar um NAFTA concebido para refletir os interesses e preocupações que são realmente articulados por vozes críticas nos três países a serem ligados por acordos de tratado? Nenhuma reflexão sobre estas questões aparece na cartilha oferecida aos peões atrasados. Graças ao afastamento extremo da ortodoxia do mercado, as coisas não seguiram o curso que a racionalidade económica poderia ter implicado.

Assim, a Índia, sob o domínio britânico, desindustrializou-se, tornando-se uma sociedade agrícola empobrecida, enquanto a Grã-Bretanha prosperava. A tentativa do Egito de entrar no mundo industrial foi derrotada pelo poder britânico. O padrão estendeu-se a grande parte do mundo, com os EUA a assumirem a liderança na campanha contra o desenvolvimento independente no estrangeiro e contra a disciplina de mercado no país, enquanto a Grã-Bretanha vacilava nessa tarefa.

Hoje, a Índia, tal como a maior parte do Sul, está a ser submetida a reformas neoliberais de "ajustamento estrutural", enquanto os Estados Unidos, como sempre, violam os princípios do mercado a seu bel-prazer, juntamente com o resto do mundo industrial, na sua maioria mais protecionista do que em 1980, com os Reaganites a liderarem frequentemente o ataque à racionalidade económica. Os efeitos são notáveis, e não faltam beneficiários. Veja-se o caso dos diamantes. Sete em cada dez diamantes vendidos no Ocidente são lapidados na Índia, com mão de obra muito barata, que agora está a ser empurrada para níveis de miséria ainda maiores, graças ao ajustamento estrutural. Mas há um lado positivo: "Passamos alguns dos benefícios para os nossos clientes no estrangeiro", observa um exportador de diamantes indiano. Os trabalhadores e as suas famílias podem morrer à fome na Nova Ordem Mundial da racionalidade económica, mas os colares de diamantes são mais baratos nas elegantes lojas de Nova

Iorque, graças ao milagre do mercado.

Há também algumas histórias de sucesso muito elogiadas, nomeadamente a do Gana, "regularmente citada pelos economistas do Fundo [Monetário Internacional] e do Banco [Mundial] como o principal exemplo de como o ajustamento estrutural cura as economias em declínio e as coloca na via do crescimento sustentável", salientaram Ross Hammond e Lisa McGowan numa análise desta "montra". Graças à sua obediência à disciplina do mercado, o Gana foi "inundado de ajuda externa", incluindo mais empréstimos bonificados do Banco Mundial do que qualquer outro país, exceto a China e a Índia (em valor absoluto, não per capita). A indústria transformadora diminuiu, tal como a alimentação e a pecuária nacionais e a autossuficiência alimentar em geral. A subnutrição aumentou, a degradação ambiental prossegue a bom ritmo, a dívida externa triplicou e, desde 1987, o Gana pagou mais ao FMI do que recebeu - um fenómeno típico do terceiro mundo, uma vez que à hemorragia de capitais dos países pobres para os países ricos se juntou a exportação de capitais para o FMI e o Banco Mundial, agora "receptores líquidos de recursos dos países em desenvolvimento", segundo um estudo de 1993 do South Centre (antiga South Commission). Mas há razões para o entusiasmo do FMI e do Banco em relação ao Gana. A agro-exportação cresceu, "os ganeses ricos saíram-se bastante bem com o ajustamento", uma vez que a propriedade da terra e o rendimento se concentraram, e os credores e investidores ocidentais estão a sair-se bem.

A principal história de sucesso merece a sua reputação. O quadro só se torna mais sombrio quando nos aproximamos de casa, onde a nossa benevolência pode ser exercida de forma mais eficiente. Consideremos a Nicarágua, destruída pelo terror e pela guerra económica dos EUA, que agora "desafia o Haiti pela distinção indesejada de ser o país mais destituído do hemisfério ocidental", relata Hugh O'Shaughnessy de Manágua.

A mortalidade infantil atingiu o nível mais elevado do continente, após um declínio dramático antes de os efeitos da guerra dos EUA se fazerem sentir em meados da década de 1980. Segundo as Nações Unidas, um quarto das crianças sofre de subnutrição. As doenças que outrora tinham sido quase eliminadas são galopantes. As mulheres criaram cozinhas de sopa na rua "para salvar dezenas de milhares de jovens da fome". Os programas sandinistas de saúde, nutrição, alfabetização e agrários "foram eliminados por um governo pressionado pelo Fundo Monetário Internacional e por Washington a privatizar e a cortar na despesa pública". O tecido social está a desmoronar-se sob forte pressão, com o rápido aumento da criminalidade e da violência, como é habitual, dirigida principalmente contra as pessoas mais vulneráveis: as violações, por exemplo, estão a aumentar. "Os dirigentes do país parecem não se importar", diz O'Shaughnessy, embora pouco possam fazer perante as ordens vindas de cima. "O ministro das Finanças, Emilio Pereira, vangloriou-se de que a Nicarágua tem a inflação mais baixa do hemisfério ocidental - sem se importar que os seus quatro milhões de pessoas estejam a passar fome." A extrema-direita recusa qualquer compromisso, sabendo "que tem o apoio do governo dos EUA". "Os ministros dos Negócios Estrangeiros da América Central e o secretário-geral da Organização dos Estados Americanos, que vieram em missão de mediação, partiram em desespero [a 9 de setembro] depois de [elementos de direita da ONU apoiados pelos EUA] se terem recusado a participar nas conversações de paz."

No campo, a situação era ainda pior do que em Manágua. As forças da Contra estavam a combater novamente no Norte, gabando-se dos seus fornecedores de Miami. Outros também se mobilizavam, pois o desespero levava os camponeses à luta armada. Nas principais zonas de produção de algodão, não foi semeado um único hectare por falta de crédito - embora os produtores mais poderosos, incluindo o ministro da agricultura e pecuária e o presidente do Conselho Superior da Empresa Privada, Ramiro Gurdian, tenham recebido mais de 40 milhões de dólares em empréstimos no ano passado, informou a Barricada Intemacional. O especialista em América Central Douglas Porpora escreveu que 70% dos limitados créditos existentes vão para "um pequeno número de grandes produtores de exportação", de acordo com as políticas padrão dos EUA de enriquecimento dos sectores ricos envolvidos na exportação de produtos agrícolas. Os agricultores tinham sido expulsos destas regiões por Somoza, que se tinha apoderado das terras para exportar algodão, parte do "milagre económico" aclamado nos Estados Unidos, uma vez que a economia crescia enquanto a população passava fome. Após anos de utilização intensa de pesticidas, grande parte do solo perdeu a sua fertilidade.

As exportações de bananas e outras produções agrícolas também entraram em colapso e os engenhos de açúcar, incluindo os que se tinham tornado rentáveis sob o controlo do governo, foram encerrados, aparentemente numa campanha dos antigos proprietários, agora restaurados, para destruir os sindicatos e inverter as conquistas dos direitos dos trabalhadores dos últimos anos. Apesar da sua vitória, os EUA não ficaram satisfeitos. O povo da Nicarágua tem de sofrer muito mais para expiar os crimes que cometeram contra nós. Em outubro de 1993, o FMI e o Banco Mundial, praticamente dirigidos pelos EUA, apresentaram novas exigências de uma severidade invulgar. A Nicarágua deve reduzir a sua dívida a zero; eliminar os créditos do BANIC, um dos bancos estatais que ainda restam; privatizar empresas e serviços públicos, como a energia e a água, para garantir que as pessoas pobres sintam realmente a dor - incapazes de dar água aos seus filhos para beber, por exemplo, se não puderem pagar, graças ao desemprego crescente.

A Nicarágua tem de reduzir as despesas públicas em 60 milhões

de dólares, eliminando praticamente a maior parte do que resta

dos serviços de saúde e de assistência social, enquanto a

catástrofe crescente oferece novas oportunidades para condenar a

"má gestão económica" do inimigo desprezado. O valor de 60

milhões de dólares foi talvez escolhido pelo seu valor simbólico.

Alguns anos antes, os bancos, já privatizados, enviaram 60

milhões de dólares para o estrangeiro, seguindo princípios

económicos sólidos: jogar na bolsa de Nova Iorque é uma

utilização muito mais eficiente dos recursos do que dar créditos

aos pobres produtores de feijão, como qualquer estudante

competente de economia pode explicar. A colheita de feijão

perdeu-se, uma catástrofe para a população. Os bancos deviam

agora ser totalmente privatizados, para garantir o "emprego mais

eficiente das forças produtivas do mundo", com consequências

para a população que eram evidentes mas que não entravam nos

cálculos da racionalidade económica, como entendem os

sofisticados. É justo acrescentar que as maravilhas do mercado

livre abriram alternativas, não apenas para os ricos proprietários

de terras, especuladores e corporações, mas até mesmo para as crianças famintas que, à noite, encostam o rosto nos vidros dos carros nas esquinas, implorando por alguns centavos para sobreviver.

Descrevendo a situação miserável das crianças de rua de Manágua, David Werner, autor de *Where There is No Doctor* e de outros livros sobre saúde e sociedade, escreveu que "a comercialização de cimento para sapatos a crianças tornou-se um negócio lucrativo" e que as importações de fornecedores multinacionais estão a aumentar a bom ritmo, uma vez que "os lojistas das comunidades deprimidas fazem um negócio próspero com o reabastecimento semanal dos frasquinhos das crianças" para cheirar cola, que se diz "tirar a fome". O milagre do mercado estava novamente em ação, maximizando a utilização eficiente dos recursos. Na costa atlântica da Nicarágua, 100.000 pessoas estavam agora a morrer à fome, com ajuda apenas da Europa e do Canadá, segundo fontes da Igreja. A maioria eram índios Miskito. Nada foi mais inspirador do que os lamentos sobre os Miskitos depois de algumas dezenas terem sido mortos e muitos deslocados à força pelos Sandinistas no decurso da guerra terrorista dos EUA, uma "campanha de genocídio virtual" (Reagan), a mais "maciça" violação dos direitos humanos na América Central (Jeane Kirkpatrick), muito mais do que o massacre, a tortura e a mutilação de dezenas de milhares de pessoas pelos gangsters neonazis que eles dirigiam e armavam, e que, ao mesmo tempo, louvavam como democratas exemplares - ou a "caça ao bebé bem sucedida" que os repórteres estrangeiros observaram exatamente nesse momento. O que é que aconteceu aos lamentos, agora que 100.000 estão a morrer à fome? A resposta é a própria simplicidade. Os direitos humanos têm um valor puramente instrumental na cultura política; são um instrumento útil de propaganda, nada mais.

Há dez anos, os Miskitos eram "vítimas dignas", na útil terminologia de Edward Herman, sendo o seu sofrimento atribuível aos inimigos oficiais; agora juntaram-se à vasta categoria de "vítimas indignas", cujo sofrimento muito pior pode ser acrescentado à nossa esplêndida conta. Que mais é preciso dizer? "Os Estados Unidos têm uma necessidade visceral de aniquilar os sandinistas de uma vez por todas", disse um especialista em negócios estrangeiros citado por O'Shaughnessy.

Isso era evidente há anos, quando a recusa dos sandinistas em fazer a genuflexão esperada provocou um frenesim absoluto. Em 1985, um congressista descreveu "o desejo que os membros [do Congresso] sentem de atacar o comunismo" na Nicarágua.

A opinião dividiu-se entre os que apelavam ao terror brutal para punir o crime de desobediência e os que, na extrema esquerda do espetro respeitável, recomendavam que só apoiássemos o terror se fosse "rentável" (disse Michael Kinsley) e, se esse teste falhasse, deveríamos procurar outros meios para "isolar" o governo "repreensível" de Manágua e "deixá-lo apodrecer nos seus próprios sucos" (disse a pomba do Senado Alan Cranston). A Nicarágua deve ser restaurada aos "padrões regionais" dos nossos Estados terroristas, declararam com paixão Tom Wicker e outras pombas dos media. Os Estados Unidos também não descansarão enquanto as forças armadas não estiverem sob o controlo de Washington, com consequências que são conhecidas em todo o continente, um elemento crucial da política dos Estados Unidos para a América Latina durante cinquenta anos, enfatizado com particular força pelos intelectuais de Kennedy. Os esforços da Nicarágua para prosseguir os meios pacíficos exigidos pelo direito internacional suscitaram uma fúria particular.

Em 1984, altos funcionários do governo dos EUA exigiram que um convite a Daniel Ortega para visitar Los Angeles fosse retirado "para punir o Sr. Ortega e os Sandinistas por terem aceite a proposta de paz da Contadora", noticiou o *The New York Times* sem comentários, referindo-se aos esforços de paz que o governo dos EUA conseguiu minar. A condenação dos Estados Unidos pelo Tribunal Mundial provocou mais birras. As ameaças de Washington acabaram por obrigar a Nicarágua a retirar os pedidos de indemnização concedidos pelo Tribunal, na sequência de um acordo entre os Estados Unidos e a Nicarágua "destinado a reforçar ao máximo o desenvolvimento económico, comercial e técnico", informou o agente da Nicarágua ao Tribunal. Uma vez que a retirada das justas reivindicações de milhares de milhões de dólares de indemnizações foi conseguida pela força, Washington revogou o acordo, suspendendo a sua ajuda com exigências de crescente depravação e descaramento. A arrogância imperial é impressionante.

Depois de termos sido condenados pelo Tribunal Mundial pelo

"uso ilegal da força" contra a Nicarágua, numa campanha de terrorismo internacional em grande escala que nenhum outro ator na cena mundial poderia esperar aproximar-se, exigimos agora, com toda a justiça, que a Nicarágua nos prove que não está envolvida em terrorismo. Qualquer ajuda adicional está condicionada a esta prova, votou o Senado. E tendo ajudado a destruir o país e o seu povo antes da guerra terrorista, exigimos agora que os beneficiários desses anos maravilhosos recebam propriedades e indemnizações.

Em setembro de 1993, enquanto a nova visão da política externa estava a tomar a sua forma final, o Senado votou 94-4 para proibir qualquer ajuda se a Nicarágua não devolvesse ou não desse uma compensação adequada (conforme determinado por Washington) pelas propriedades de cidadãos americanos apreendidas quando Somoza caiu - bens de participantes americanos no esmagamento das bestas de carga pelo tirano que há muito era um favorito dos EUA. Votaram contra: Paul Wellstone (D-MN), Jeff Bingaman (D-NM), Paul Simon (D-IL), Russell Feingold (D-WI).

Em outubro de 1993, o Senador Christopher Dodd, uma das

principais pombas do Senado, visitou Manágua para se certificar de que estas ordens são plenamente compreendidas. Nada satisfará o desejo de punir os transgressores, nem mesmo a sua redução aos padrões haitianos. Qualquer chefe da máfia compreenderia. Se alguém no seu território não paga o dinheiro da proteção, não se limita a fazer-lhe um olho negro. Os outros têm de aprender a lição. O mundo tem de compreender o que um poder virtualmente ilimitado pode conseguir se for ofendido de alguma forma - a lição que Bolívar procurou transmitir. Assim, o tratamento é uniforme, estendendo-se aos vietnamitas, aos cubanos, às crianças iraquianas, enfim, a todos os que não compreendem as regras do mundo de que somos guardiães e modelo.

A tudo o que foi dito até agora há que acrescentar uma qualificação importante. Temos vindo a adotar a mistificação padrão de que as nações são actores nos assuntos mundiais, o que é um disparate, claro. Em qualquer "Estado realmente existente", o poder está fortemente distorcido; aqueles que o detêm usam o Estado para defender os seus interesses, independentemente do impacto sobre os outros no país ou no estrangeiro, um truísmo enfatizado pelo notável marxista revolucionário Adam Smith, entre muitos outros. Desmistificando, tudo parece diferente. Quem perdeu a Segunda Guerra? Certamente que não foram os industriais alemães e japoneses que se dedicaram à causa fascista e que foram rapidamente restituídos ao poder e à riqueza pelos exércitos conquistadores. Quem ganhou? Certamente que não foi a resistência antifascista, que foi dispersa ou dizimada pelos vencedores militares.

Quem perdeu a Guerra Fria? Certamente que não foi a nomenklatura comunista reinante, agora líder do capitalismo de nomenklatura - "uma nova classe parasitária de especuladores e mafiosos", como lhes chamou o académico soviético Robert Daniels, com uma riqueza que ultrapassa os seus sonhos mais loucos. Não é certamente o duro chefe do Partido Comunista de Sverdlovsk, Boris Ieltsin, agora elevado à categoria de principal democrata, enquanto inverte as conquistas democráticas da Rússia desde 1989, muito elogiado pelos governos e pela imprensa ocidentais - e pelos mercados financeiros - devido ao seu empenhamento no "choque de mercado" que deverá "criar um clima muito melhor para os investimentos privados". Ou os seus antigos subordinados do aparelho do PC, que agora integram a sua burocracia. Quem ganhou a Guerra Fria? Não foi a grande massa das populações controladas pelos sectores de poder ocidentais, nem nos antigos domínios coloniais nem no seu próprio país; nem o povo comum do Leste, que aprende agora de novo as lições da sua história como súbditos do terceiro mundo. Uma verdadeira história afasta-se radicalmente das fórmulas-padrão. No tempo de Adam Smith, os "principais arquitectos" da política, que se encarregavam de "atender de forma muito especial aos seus interesses", eram "os comerciantes e os industriais".

Desde então, o mundo mudou consideravelmente nos últimos vinte anos, em parte devido ao desmantelamento, por Richard Nixon, do sistema económico internacional pós-Segunda Guerra Mundial (dito Bretton Woods). Uma das consequências destas grandes mudanças na ordem mundial foi um enorme aumento do capital não regulamentado. O Banco Mundial estima atualmente os recursos totais das instituições financeiras internacionais em cerca de 14 biliões de dólares. Não só os bancos centrais europeus não podem defender as moedas nacionais face a este poder privado sem precedentes, como o euro pode "efetivamente entrar em colapso", uma vez que os governos da CE "estão a experimentar o poder dos actuais mercados de capitais globais de livre circulação", segundo o *Financial Times* numa análise da economia e finanças mundiais. O enorme e não regulamentado mercado internacional de capitais controla o acesso ao capital, mas os investidores mundiais impõem um preço.

Se as políticas económicas de um país não forem atraentes para eles, usarão o seu poder para induzir mudanças. Essas pressões podem não ser "fatais" para os muito ricos, mas para o Sul, o mercado internacional de capitais "não é mais do que um braço inaceitável do imperialismo económico", ao qual os governos não podem resistir numa época em que, mesmo nos países ricos, os governos "estão na defensiva e os investidores globais ganharam vantagem". Um desenvolvimento relacionado foi a mudança dramática na utilização dos recursos de capital. John Eatwell, economista da Universidade de Cambridge, observou o facto surpreendente de que "em 1971, pouco antes do colapso do sistema de taxas de câmbio fixas de Bretton Woods, cerca de 90% de todas as transacções de divisas eram para financiar o comércio e o investimento a longo prazo, e apenas cerca de 10% eram especulativas". Atualmente, essas percentagens invertem-se, com mais de 90% de todas as transacções a serem especulativas. Os fluxos especulativos diários excedem agora regularmente as reservas cambiais combinadas de todos os governos do G-7", os sete mais ricos. [Agora cerimoniosamente conhecido como G-8: numa concessão à Rússia, que atualmente está falida mas quer ser respeitada como uma "potência mundial com armas nucleares"].

Uma das consequências é que "o desempenho económico nas décadas de 1970 e 1980 foi fraco em todas as nações industriais da OCDE", com o crescimento em cada país do G-8 a rondar metade do verificado na década de 1960, o desemprego pelo menos duplicou e o crescimento da produtividade na indústria transformadora diminuiu drasticamente. Além disso, "a escala dos fluxos especulativos pode facilmente esmagar as reservas de divisas de qualquer governo", como acaba de ser referido. O planeamento económico nacional é cada vez mais difícil, mesmo para os ricos, a instabilidade do mercado está a aumentar e os governos são levados a adotar políticas deflacionistas para preservar a "credibilidade" do mercado, conduzindo as economias "para um equilíbrio de baixo crescimento e elevado desemprego", com salários reais em declínio e aumento da pobreza e da desigualdade. Um terceiro desenvolvimento relacionado tem sido o aguçamento da conceção de dois gumes do mercado: grilhões para os fracos, a serem postos de lado a seu bel-prazer pelos fortes. Durante os últimos vinte anos, a retórica do mercado livre subiu a alturas gloriosas, enquanto os países ricos reforçaram as suas protecções contra a disciplina do mercado.

Patrick Low, economista da OMC, chamou a atenção para "o ataque sustentado ao princípio [do comércio livre] de que a OMC foi vítima, a partir do início da década de 1970", um "período difícil do ponto de vista económico" até hoje, em que "a OMC não conseguiu manter a linha contra o protecionismo crescente e o declínio sistemático" - para dizer o mínimo. Mais uma vez, os

Reaganistas combinaram as duas tendências de forma brilhante, falando aos pobres em voz de mercado livre e garantindo aos ricos, alto e bom som, que o Estado intervirá maciçamente para proteger os seus interesses. O então secretário do Tesouro, James Baker, "proclamou orgulhosamente que Ronald Reagan tinha 'concedido mais facilidades de importação à indústria norte-americana do que qualquer um dos seus antecessores em mais de meio século'", sublinha o economista internacional Fred Bergsten, acrescentando que os reaganistas se especializaram no tipo de "comércio gerido" que mais "restringe o comércio e fecha os mercados", os acordos voluntários de restrição das exportações - "a forma mais insidiosa de protecionismo", que "aumenta os preços, reduz a concorrência e reforça o comportamento dos cartéis". O aumento do orçamento do Pentágono, por si só, é uma forma importante de intervenção do Estado na economia em benefício dos ricos, e tem sido entendido dessa forma há meio século - uma das razões pelas quais haverá uma longa espera por um "dividendo da paz". Um quarto desenvolvimento relacionado tem sido a rápida aceleração da internacionalização da economia.

As vendas ao estrangeiro das empresas transnacionais excedem agora largamente todo o comércio mundial - e, daquilo a que se chama "comércio mundial", estima-se que mais de um terço seja constituído por transacções intrafirma, trocas geridas centralmente dentro das empresas que por acaso atravessam uma fronteira internacional - uma das muitas razões pelas quais falar de "comércio livre" e de "mercados" tem uma relevância limitada para o mundo real. Um corolário óbvio é o declínio acentuado da democracia significativa, já discutido anteriormente (ver, por exemplo, Edward Herman, "The End of Democracy?", *Z de setembro),* à medida que instituições totalitárias extremas (corporações, bancos, empresas de investimento, etc.), com um controlo rigoroso de cima para baixo, secretismo interno e apenas a mais limitada responsabilidade pública, ganham ainda mais poder à escala global. Naturalmente, estão a construir órgãos de governação que reflictam os seus interesses (OMC, FMI e Banco Mundial, o executivo da CE, sessões fechadas do G-7, etc.), todos devidamente isolados da interferência popular, até mesmo da consciência, uma nova e mais elevada etapa na longa luta para eliminar qualquer ameaça às formas de democracia "de cima para baixo" que reforçam "as estruturas tradicionais de poder com as quais os Estados Unidos há muito estão aliados" - eliminando a mistificação, "as estruturas tradicionais de poder" com as quais os "principais arquitectos" da política governamental dos EUA e os interesses que servem "há muito estão aliados".

As consequências não são difíceis de ver ou de compreender: abrandamento do crescimento económico, declínio do planeamento económico ou outro no interesse da população em geral e extensão do modelo do terceiro mundo aos próprios países ricos, à medida que a população doméstica se torna supérflua para a obtenção de lucros, o valor humano supremo no mundo para o qual somos "o guardião e o modelo". Os Estados Unidos e a Grã-Bretanha têm estado na vanguarda destes desenvolvimentos e as suas realizações são bem acolhidas por quem interessa. Enquanto a nova visão de Clinton estava a receber os retoques finais, um artigo de primeira página do *The Wall Street Journal* relatava "um desenvolvimento bem-vindo de importância transcendente", nada mais nada menos: "o custo cada vez mais competitivo da mão de obra americana". Graças ao duro ataque à mão de obra através de uma combinação de poder estatal e de melhores oportunidades para transferir a produção para o estrangeiro, os custos da mão de obra americana por unidade de produção caíram 1,5% em 1992, enquanto os custos aumentaram no Japão e na Europa, bem como em Taiwan e na Coreia do Sul. Em 1985, o salário por hora nos EUA era mais elevado do que nos outros países do G-7.

Em 1992, tinha caído para valores inferiores aos dos seus concorrentes ricos, com exceção da Inglaterra, onde Thatcher tinha feito ainda melhor em castigar os trabalhadores. Os salários por hora eram 60 por cento mais elevados na Alemanha do que nos EUA, 20 por cento mais elevados em Itália. Os EUA ainda não alcançaram a Coreia do Sul e Taiwan, mas estão a ser feitos progressos no país mais rico do mundo, com vantagens sem paralelo - e com uma comunidade empresarial altamente consciente da sua classe, a travar uma amarga guerra de classes contra um inimigo sem recursos, organização e modos significativos de interação ou participação. As lições são explicadas pela *Business Week*. A Europa tem de "martelar os salários elevados e os impostos sobre as empresas, os horários de trabalho curtos, a imobilidade laboral e os programas sociais luxuosos". Tem de aprender a lição da Grã-Bretanha, que finalmente "está a fazer alguma coisa bem", anuncia *The Economist* com aprovação, com "sindicatos acorrentados por lei e subjugados", "desemprego elevado" e o capítulo social de Maastricht rejeitado, para que os empregadores sejam protegidos "da regulamentação excessiva e da sub-flexibilidade do trabalho" (segurança no emprego). Os trabalhadores americanos estão apenas um passo atrás.

O fim da Guerra Fria ofereceu novas armas para serem utilizadas contra os trabalhadores das sociedades ricas. Há "rebentos verdes nas ruínas do comunismo", exulta o principal diário económico do mundo, o *"Financial Times"* de Londres, e nem tudo é sombrio no antigo mundo comunista. Os "rebentos verdes" são as novas oportunidades para as empresas reduzirem os custos, graças ao "aumento do desemprego e à pauperização de grandes sectores da classe trabalhadora industrial", à medida que as reformas capitalistas são instituídas. A GM abriu uma fábrica de montagem de 690 milhões de dólares na Alemanha, onde os trabalhadores estão dispostos a "trabalhar mais horas do que os seus colegas mimados da Alemanha ocidental" a 40% do salário e com poucos benefícios, relata o jornal. A Polónia é ainda melhor, com trabalhadores disponíveis a 10% do salário dos trabalhadores ocidentais mimados, mantidos assim "em grande parte graças à política mais dura do Governo polaco em matéria de conflitos laborais", ou seja, à repressão do trabalho. É claro que o termo "mercados" tem o seu significado habitual. A GM adquiriu uma fábrica de automóveis perto de Varsóvia, comentou a economista Alice Amsden, "com a condição de o Governo polaco lhe conceder 30% de proteção aduaneira" - a forma habitual que os entusiastas do "mercado livre" assumem. Entre outras ofertas, são também oferecidos benefícios fiscais aos investidores.

O mesmo acontece quando o nosso próprio terceiro mundo procura atrair investidores estrangeiros. O Alabama venceu a concorrência por uma nova fábrica da Daimler-Benz, pela qual a sua população "pagará caro", observou *o The Wall Street Journal* alguns dias após o anúncio da estratégia económica de Clinton. O principal conglomerado alemão pagou 100 dólares reais pelo local da fábrica e foi-lhe oferecido um pacote de benefícios fiscais avaliado em mais de 300 milhões de dólares, juntamente com outros serviços financiados pelo Estado. O Alabama "tem uma economia de terceiro mundo", observou o diretor de um grupo de desenvolvimento económico: "Estão a perder dinheiro para investir no seu povo, nas suas estradas, no seu Estado em geral", enquanto o mercado faz os seus milagres. O terceiro mundo tradicional pode explicar-nos como funciona. As perspectivas são inspiradoras. Os benefícios sociais e os direitos dos trabalhadores canadianos podem ser atacados através do "comércio livre", que obriga a uma harmonização para baixo com as normas americanas. O mesmo dispositivo pode ser usado para "prender os Estados Unidos a um futuro de baixos salários e baixa produtividade", conclui o Gabinete de Avaliação Tecnológica do Congresso na sua análise da versão executiva do NAFTA, escrupulosamente concebida para proteger os direitos dos investidores, não dos trabalhadores ou das gerações futuras (o ambiente). E o aumento do nível de vida dos trabalhadores mexicanos não constitui uma ameaça séria, tendo em conta a dureza do regime ditatorial e a inundação do mercado de trabalho, à medida que os camponeses são expulsos da terra pelas exportações agro-industriais dos EUA. Os trabalhadores alemães tinham-se "habituado a algumas das melhores condições de trabalho do mundo", comentava *a Business Week*, sob o título "Tempo de deixar o casulo?".

Mas já não é assim, porque "60% dos empregos industriais alemães estão ameaçados pela concorrência da Europa de Leste, da Ásia e dos Estados Unidos", o último dos quais oferece agora a sua contribuição para as fileiras do Terceiro Mundo, graças a "um desenvolvimento bem-vindo de importância transcendente". Com estes "rebentos verdes" a surgirem no velho e no novo Terceiro Mundo, a maior federação patronal alemã, a Gesamtmetall, pôde emitir uma "declaração de guerra", anulando "pela primeira vez os contratos sindicais de salários e férias".

Entretanto, os lucros devem ser muito bons, à medida que o mundo avança para o desejado modelo de dois níveis sob as suas novas visões. Em suma, os desenvolvimentos dos últimos anos oferecem novas formas de apertar os parafusos à esmagadora maioria da população, tanto no estrangeiro como em casa, opções reforçadas pelo fim da Guerra Fria - e é por isso que os vencedores da Guerra Fria estão a celebrar tão triunfantemente: os investidores, os executivos e os profissionais ricos no país; os antigos governantes do Partido Comunista que agora se juntam ao roubo global; os seus homólogos do Sul global; e, claro, os sectores respeitáveis das comunidades educadas, que são chamados a proclamar a "vitória de um conjunto de princípios políticos e económicos: a democracia e o mercado livre"." A visão de Clinton limitou-se a anunciar mais um pequeno passo em direção aos mesmos fins. Até onde é que isto pode ir? Será realmente possível construir uma sociedade internacional segundo o modelo do terceiro mundo, com ilhas de grandes privilégios num mar de miséria - ilhas bastante grandes, nos países mais ricos - e com controlos de natureza totalitária no seio de formas democráticas que se tornam cada vez mais uma fachada? Ou será que a resistência popular, que tem de se internacionalizar para ter êxito, conseguirá desmantelar estas estruturas evolutivas de violência e dominação e levar por diante o processo secular de expansão da liberdade, da justiça e da democracia que está agora a ser abortado, ou mesmo invertido? Estas são as grandes questões para o futuro.

CAPÍTULO 7

A guerra americana contra o terrorismo no tempo da tecnologia

Em 16 de março de 2008, o The New York Times noticiou que as autoridades americanas afirmam que a promessa do Paquistão de combater os militantes da Al Qaeda e dos Talibãs no Waziristão está a ser enfraquecida por divergências nas forças militares e de segurança paquistanesas sobre qual deve ser a sua prioridade. As divisões têm-se revelado uma fonte de frustração crescente para a administração Bush, com os funcionários a afirmarem que o principal desacordo no Paquistão é sobre a necessidade de acelerar uma campanha antiterrorista contra os extremistas islâmicos ou de tentar reforçar uma força convencional centrada nas potenciais ameaças da Índia. (Quase dois meses após as eleições no Paquistão, em que o atual partido do assassinado Benezir Bhutto

O Partido Popular Paquistanês (PPP) venceu as eleições contra Pervez Musharrafs, ainda não existe um governo viável em Paquistão).

Em 10 de março de 2008, o programa Morning Edition da National Public Radio fez a seguinte reportagem:

" Passaram mais de seis anos desde que a rede Al-Qaeda foi afastada das suas bases no Afeganistão.

Entretanto, muitos líderes da Al-Qaeda foram mortos ou capturados - mas não Osama bin Laden ou o seu adjunto, Ayman al-Zawahiri.

Nos círculos dos serviços secretos, discute-se se a rede terrorista recuperou dos reveses que sofreu após os ataques de 11 de setembro de 2001. Alguns analistas dizem que a Al Qaeda é uma casca do que já foi. Mas os funcionários dos serviços secretos dos EUA não têm tanta certeza.

Atualmente, há muitos juízos diferentes sobre a força da Al-Qaeda. Ainda no mês passado, o Presidente Bush, perante a Conferência de Ação Política dos Conservadores, disse que o grupo está a cambalear.

"Os Talibãs, a Al-Qaeda e os seus aliados estão a fugir", disse Bush.

Mas as agências de informação do próprio Presidente têm uma opinião diferente.

O Diretor dos Serviços Secretos Nacionais, Michael McConnell, na sua mais recente avaliação da ameaça, afirmou que o núcleo dirigente da Al-Qaeda se "regenerou".

Tendo sobrevivido à guerra global contra o terrorismo, a Al Qaeda, nesta perspetiva, é novamente uma rede dirigida centralmente com capacidades militares. Falando na CNN há duas semanas, McConnell reflectiu esta opinião.

"Têm a liderança que tinham antes, reconstruíram a gestão intermédia, os formadores", disse McConnell. Estão a recrutar com muito vigor. "

E em 12 de julho de 2007, a National Public Radio publicou o seguinte relatório:

"Al-Qaida mais forte desde 11 de setembro. NPR.org: 12 de julho de 2007 - Al-

A Qaeda reconstruiu a sua capacidade operacional e representa a maior ameaça para os EUA desde os ataques de 11 de setembro

de 2001, de acordo com uma nova avaliação dos analistas antiterroristas americanos. No entanto, numa conferência de imprensa na Casa Branca, o Presidente Bush contestou a perceção de que a rede terrorista não tinha sido enfraquecida.

"Não é esse o caso", disse ele. "Devido às acções que tomámos, a Al-Qaeda está mais fraca hoje do que antes."

As conclusões dos serviços secretos vêm na sequência da declaração do Secretário da Segurança Interna, Michael Chertoff, na quarta-feira, de que tem um "pressentimento" de que os Estados Unidos enfrentam um risco acrescido de ataque este verão.

Um responsável pela luta antiterrorista, que falou à The Associated Press sob condição de anonimato, afirmou que a avaliação, intitulada "Al-Qaida mais bem posicionada para atacar o Ocidente", indica que a rede terrorista que lançou o mais devastador ataque terrorista em solo americano conseguiu reagrupar-se apesar de quase seis anos de bombardeamentos, guerras e outras tácticas destinadas a desmantelá-la.

A Al-Qaida é "consideravelmente mais forte em termos operacionais do que há um ano" e "reagrupou-se a um nível que não se via desde 2001", afirmou o responsável pela luta antiterrorista, parafraseando as conclusões do relatório. Estão a demonstrar uma capacidade cada vez maior de planear ataques na Europa e nos Estados Unidos".

O relatório afirma que a Al-Qaeda utilizou o seu porto seguro ao longo da fronteira entre o Afeganistão e o Paquistão para restaurar as suas capacidades".

O meu objetivo neste post limita-se a três pontos que, de certa forma, se fundem numa arquitetura solta de teses: A administração Bush emitiu informações contraditórias sobre a força da Al-Qaeda; a natureza da guerra moderna mudou desde Pearl Harbor e ambos os lados estão a utilizar tecnologia moderna; e o 11 de setembro mudou a vida para sempre.

Vamos fazer uma breve introdução ao que aconteceu exatamente no dia 11 de setembro de 2001 (9/11/01: 911: o número de emergência nacional, como me disse o administrador do meu prédio nessa manhã), acontecimentos ocorridos em Nova Iorque,

Washington, DC, e perto de Shanksville, no oeste da Pensilvânia, que reuniram várias componentes: capitalismo, tecnologia, nomadismo, identidades múltiplas, cidadania pós-colonial no primeiro mundo e máquinas políticas e económicas no terceiro mundo.

Os atentados envolveram o desvio do <u>voo 93 da United Airlines,</u> do <u>voo 175 da United Airlines,</u> <u>do voo 11 da American Airlines,</u> <u>do voo 11 da American Airlines e</u> do <u>voo 175 da American Airlines.</u>

<u>Voo 77,</u> e a subsequente destruição do <u>World Trade Center</u> em Nova Iorque, Nova Iorque, e danos graves no The Pentágono em Arlington, Virgínia, com a morte de 2.974 vítimas.

Os pormenores são demasiado conhecidos para serem repetidos ou mesmo ligados aqui.

Alguns comentadores mencionaram o modo cinematográfico desta destruição: Por exemplo, é convincente justapor clips de vídeo das torres do WTC e do Pentágono em chamas, reciclados vezes sem conta na televisão, com imagens de uma Casa Branca a explodir (rebentada por extraterrestres vindos do espaço) no filme de 1996 de Bill Emerrich, Independence Day.

Os sequestradores que atacaram a capital dos EUA utilizaram a sua tecnologia contra ela.

O capital e a tecnologia enquadraram o texto mestre desta catástrofe.

A América corporativa tinha sofrido um golpe, possivelmente levando a uma recessão económica nos Estados Unidos que poderá estender-se a todo o mundo devido à crise internacional e a rede do capital. Os sequestradores transformaram os jactos sequestrados em mísseis ferozes (com carga humana) dirigidos contra a América corporativa e contra o capital.

Estes sequestradores eram poliglotas e tinham múltiplas identidades. Embora se dissesse que tinham origem no Médio Oriente. Alguns foram identificados como cidadãos norte-americanos que viviam no Médio Oriente, mas que se deslocavam por todo o mundo com passaportes e identidades falsas - e com quantidades desmedidas de fundos alimentados por Osama bin Laden. De facto, vários destes sequestradores, que treinaram em

escolas de aviação na Florida, fizeram-se passar por alemães e,
segundo consta, falavam fluentemente alemão uns com os outros
e, durante vários meses, foram mesmo hóspedes em casa de uma
família da Florida. Um deles, Mohammed Atta, tinha vivido em
Hamburgo, na Alemanha, durante algum tempo, antes de fazer a
sua formação de piloto de quatro meses na Huffman Aviation
International Flight School, em Venice, na Florida, para se
preparar para a sua missão. Outro foi identificado como um
libanês que tinha vivido brevemente na Alemanha e depois
passou algum tempo no Afeganistão antes de se inscrever na
Embry-Riddle Aeronautical University em Daytona Beach,
Florida, para se formar como piloto de jato em preparação para a
sua missão em 11 de setembro de 2001.

Estes sequestradores poliglotas também utilizaram a tecnologia
para planear e realizar a sua missão nefasta: Quando eram
estudantes de voo, alegadamente utilizavam frequentemente
manuais de voo, telemóveis e computadores portáteis com
programas de software complicados para planear as suas missões.
Também aperfeiçoavam o seu treino jogando frequentemente
jogos de simulador de voo da Microsoft nos seus computadores

portáteis. Além disso, bebiam bastante álcool em bares (o que não

é uma prática habitual dos muçulmanos) onde jogavam outro tipo

de jogos de vídeo

(presumivelmente, o "Jetfighter II" da Velocity era um destes). A

maioria vivia perto ou em Delray Beach, na Florida, devido à sua

proximidade da Interstate 95, a meio caminho entre os aeroportos

municipais de

Boca Raton e Lantana-obviamente para facilitar

as suas viagens globais enquanto planeavam a sua missão de 11

de setembro. E todos os sequestradores compraram a companhia

aérea

bilhetes (que utilizaram para os seus voos condenados de 11 de

setembro) na Internet, a partir da Travelocity, utilizando cartões

de crédito ou milhas de passageiro frequente.

Pouco depois do confinamento aéreo nacional, o Presidente Bush

declarou o estado de emergência nacional e, como

O Comandante-em-Chefe mobilizou cerca de 1 milhão de

reservas militares para se preparar para o que proclamou "a

primeira guerra de

o século XXI". Afirmou que "um grupo de bárbaros declarou

guerra ao nosso país" e que "os americanos devem preparar-se para a batalha". Desde o primeiro dia, os media corporativos descreveram os escombros das torres do WTC como Ground Zero: designação militar para a linha da frente de uma batalha de guerra.

O que nos leva de volta ao 11 de setembro de 2001: aviões a voar contra edifícios altos, fazendo-os explodir; corpos em chamas a saltar das janelas nos andares superiores; membros partidos, cabeças cortadas, partes de corpos espalhadas por toda a Baixa Manhattan, sendo recolhidas em baldes; ferries a transportar cadáveres através do rio Hudson para Nova Jersey: tudo isto se soma a cenas cinematográficas incríveis e espectaculares alimentadas (perdoem-me o trocadilho) pelo capital e pela tecnologia. Um amigo professor universitário descreveu este cenário que ainda se desenrola no momento em que escrevo este artigo como "pós-apocalítico".

Em 15 de setembro de 2001, numa breve aparição com os seus conselheiros de topo em Camp David, George W. Bush disse sem rodeios: "Estamos em guerra. Houve um ato de guerra declarado contra a América pelos terroristas e nós responderemos em conformidade. A minha mensagem é para que todos os que vestem um uniforme se preparem". Pouco depois, no seu discurso semanal na rádio, avisou que "aqueles que fazem guerra aos Estados Unidos escolheram a sua própria destruição". Ele disse

Os americanos devem preparar-se para uma campanha "sem campos de batalha ou cabeças de praia". A vitória, disse, "não terá lugar numa única batalha, mas numa série de acções decisivas contra as organizações terroristas e aqueles que as abrigam e apoiam". Bush voltou a apelidar os responsáveis pelos ataques de "pessoas bárbaras".

E assim os EUA prepararam-se para a guerra contra a Al Qaeda de Osama bin Laden, a sua rede internacional de terroristas, e contra os Estados-nação, que é o que Bush quis dizer quando afirmou "e aqueles que abrigam e apoiam

eles". E é aí que reside o problema: esta rede é transnacional, nómada e diaspórica, e funciona com falsos múltiplas identidades, passaportes e nacionalidades, com telemóveis, apartamentos alugados e apartamentos perto de auto-estradas

nas cidades do mundo, com comunicações por encriptação via

Internet e com o tempo de contacto direto em células modulares.

(Segue-se uma lista de Estados-nação que os EUA consideram

terroristas: Irão;

Iraque; Síria; Líbia, atualmente em vias de ser retirada da lista);

Cuba; Coreia do Norte.

E aqui está uma lista de organizações que os EUA consideram

terroristas: Armadas

Grupo Islâmico (GIA) - na Argélia; Frente Popular de Libertação

da Palestina (FPLP); Jihad Islâmica da Palestina; Jihad Islâmica-

Egito; Frente de Libertação da Palestina; Hamas-Palestina;

Euzkadi Ta Askatasuna (ETA)-País Basco, Espanha; Al-Gama al-

Islamiya- Egito; Hezbollah-Líbano; Exército Vermelho-Japão;

Partido dos Trabalhadores do Curdistão-Turquia; Movimento

Revolucionário Tupac Amaru-Peru;

Trabalhadores de Libertação do Tamil Eelem (LTTE)-Sri Lanka;

Partido/Frente Popular Revolucionária de Libertação (DHKP/C)-

Turquia; Forças Armadas Revolucionárias da Colômbia; Al-Qaeda-Waziristão, na fronteira entre o Afeganistão e o Paquistão; Abu Nidal-Líbano; e Abu Sayyaf-Filipinas).

Os EUA envolveram na guerra unidades celulares diaspóricas e fluidas. E a natureza da própria guerra tinha mudado consideravelmente desde Pearl Harbor. Parafraseando o título do excelente livro de Manual de Landa: O que temos agora é "a guerra na era das máquinas inteligentes". Os EUA e o Ocidente, principalmente

judaico-cristã, armada com capital global, confrontou-se com uma rede internacional de terroristas nómadas, na sua maioria muçulmanos (na sua formação atual - Estado Islâmico), armados com uma paixão feroz pela reparação de danos (percebidos) injustiça, armas, facas, fundos robustos e aviões a jato transformados em mísseis letais. O mundo parece estar já a enfrentar aquilo a que Samuel Huntington chamou o famoso "choque de civilizações".

E ambos os lados estão armados com tecnologia. O terreno do primeiro é constituído por cidades digitais e o do segundo por desertos e montanhas, e também por cidades digitais. Nesta altura, parecia que, nos Estados Unidos, não estávamos muito longe da Los Angeles de *Bladerunner* de Ridley Scott, a acreditar no que diziam os peritos em segurança após os acontecimentos de 11 de setembro.

Os especialistas em segurança descreveram um novo tipo de país, onde a identificação eletrónica acabaria por se tornar a norma, os imigrantes seriam seguidos mais de perto e o espaço aéreo sobre cidades como Nova Iorque e Washington estaria interdito a aviões civis. Os peritos em segurança diziam - e ainda dizem - que a tecnologia apresentava possibilidades quase ilimitadas, incluindo cartões nacionais de identificação eletrónica. Cada americano poderia receber um "cartão inteligente", de modo que, ao entrar num aeroporto ou em qualquer outro lugar, saberíamos exatamente quem são", disse Michael G. Cherkasky, presidente da Kroll Inc., uma consultora de segurança. "A tecnologia existe", disse o Sr. Cherkasky. "Esses cartões na indústria vão se espalhar e, em seguida, serão rapidamente espalhados em outros lugares.

Em dezembro de 2007, os novos passaportes americanos

passaram a ser cartões inteligentes, com chips informáticos que contêm informações pormenorizadas sobre as pessoas a quem foram emitidos e que as identificam quando lidas por um computador.

(É apenas uma questão de tempo até os passaportes serem coordenados com impressões digitais ou, dentro de alguns anos, com caraterísticas faciais, e serem programados para permitir ou limitar o acesso através de torniquetes a edifícios ou áreas. Poderão rastrear a localização de alguém, transacções financeiras, antecedentes criminais e até a velocidade de condução numa determinada autoestrada numa determinada noite. A videovigilância, que já está a generalizar-se, poderá ser fortemente aumentada em lojas, escritórios, espaços públicos e eventos públicos. Entretanto, a definição de perfis e a vigilância dos árabes e muçulmanos-americanos tem aumentado e continuará certamente a aumentar nos EUA, à semelhança do internamento dos nipo-americanos após Pearl Harbor.

Desde o início, a guerra contra o terrorismo foi imbuída de conotações religiosas. George W. Bush utilizou o termo "cruzada" de tempos a tempos para descrever a guerra. E as palavras de

Osama bin Laden na sua entrevista de 1998 a John Miller, da

ABC - que cito aqui em pormenor - ofereceram uma janela

sinistra para os acontecimentos de 11 de setembro de 2001:

"A hostilidade que a América continua a manifestar contra o povo

muçulmano deu origem a sentimentos de animosidade por parte

dos muçulmanos contra a América e contra o Ocidente em geral.

Esses sentimentos de animosidade produziram uma mudança no

comportamento de alguns grupos esmagados e subjugados que,

em vez de

que lutavam contra os americanos dentro dos países muçulmanos,

passaram a combatê-los dentro dos próprios Estados Unidos da

América. As máquinas ocidentais e o governo dos Estados Unidos

da América são os culpados pelo que está a acontecer. Se os seus

povos não querem ser prejudicados dentro dos seus próprios

países, devem procurar eleger governos que os representem

verdadeiramente e que protejam os seus interesses. A verdade é

que todo o mundo muçulmano é vítima do terrorismo

internacional, engendrado pela América".

Estarão os muçulmanos no Ocidente - nos EUA, por exemplo - a ser prejudicados por este desenvolvimento de tendências? Parece que não é esse o caso nos EUA, uma vez que, em 2006, o Minnesota - especificamente o meu distrito, MN-05 (Minneapolis - facilmente o mais azul e o mais etnicamente diverso do estado) - elegeu o primeiro congressista muçulmano dos EUA.

As questões sobre o envolvimento de Ellison com a Nação do Islão surgiram durante a sua campanha de 2006. Depois de ter ganho a nomeação do Partido Democrata em maio, escreveu uma carta ao Conselho de Relações Comunitárias Judaicas local, na qual alegadamente "afirmava que o seu envolvimento com a Nação do Islão se tinha limitado a um período de 18 meses por altura da Marcha dos Milhões em 1995, que não estava familiarizado com as opiniões anti-semitas da Nação do Islão durante o seu envolvimento com o grupo e que ele próprio nunca tinha expressado essas opiniões". Afirmou também que nunca foi membro da Nação do Islão, tendo apenas trabalhado com ela para organizar o contingente do Minnesota na Million Man March.

Na carta de Ellison, ele denuncia a Nação do Islão e Farrakhan, escrevendo: "Ignorei erradamente as preocupações de que eles [os comentários de Farrakhan] eram anti-semitas. Eram e são anti-semitas e eu devia ter chegado a essa conclusão mais cedo do que cheguei". Explicou as suas opiniões anteriores, dizendo que "não examinou adequadamente as posições e declarações da Nação do Islão, de Louis Farrakhan e de Khalid Muhammed". Afirmou ainda que "qualquer tipo de discriminação e ódio é errado. Esta sempre foi a minha posição"

Apesar do seu trabalho com a Nação do Islão, Ellison era apoiado pelo editor do <u>The American Jewish World,</u> um jornal local de Twin Cites.

No final, Keith Ellison foi eleito no 5º distrito congressional de MN por uma coligação de yuppies, activistas comunitários, feministas, a enorme comunidade somali que é supostamente a maior fora de Mogadíscio e por activistas religiosos luteranos que tinham patrocinado o programa de refugiados somalis.

O futuro da Terra é uma incógnita. Mas uma coisa é certa: A vida na América mudou para sempre depois do 11 de setembro de 2001. Já se fala da América "pré-11 de setembro" e da América "pós-11 de setembro".

Mais uma vez, como disse um professor amigo meu: "A América descobre os estrangeiros depois do 11 de setembro." Demorei algum tempo a perceber esta frase...

Em 15 de setembro de 2001, numa breve aparição com os seus conselheiros de topo em Camp David, George W. Bush disse sem rodeios: "Estamos em guerra. Houve um ato de guerra declarado contra a América pelos terroristas e nós responderemos em conformidade. A minha mensagem é para que todos os que vestem um uniforme se preparem". Pouco depois, no seu discurso semanal na rádio, avisou que "aqueles que fazem guerra aos Estados Unidos escolheram a sua própria destruição". Disse aos americanos para se prepararem para uma campanha "sem campos de batalha ou cabeças de praia". A vitória, disse, "não terá lugar numa única batalha, mas numa série de acções decisivas contra as organizações terroristas e aqueles que as abrigam e apoiam". Bush voltou a apelidar os responsáveis pelos ataques de "pessoas bárbaras".

Por isso, nesta altura, os Estados Unidos estão envolvidos na primeira e na segunda fase da guerra: primeiro, contra Osama bin, contra a Al Qaeda de Laden, a sua rede internacional de terroristas, e contra os Estados-nação, que é o que Bush queria dizer quando afirmou "e aqueles que os abrigam e apoiam", e, em segundo lugar, com o Estado Islâmico, a última manifestação dos jihadistas. E é aí que reside o problema: esta rede é transnacional, nómada e diaspórica, e opera com identidades múltiplas, passaportes e nacionalidades falsas, com telemóveis, apartamentos alugados e apartamentos perto de auto-estradas em cidades do mundo, com comunicações encriptadas pela Internet e com tempo presencial em células modulares. Eis uma seleção de Estados-nação e organizações que os EUA consideram "terroristas": Estados-nação: Irão; Iraque; Síria; Líbia; Cuba; Coreia do Norte;

e Sudão. Organizações: Grupo Islâmico Armado (GIA) - Argélia; Frente Popular de Libertação da Palestina (FPLP); Jihad Islâmica da Palestina; Gihad Islâmica-Egito; Frente de Libertação da Palestina; Hamas-Palestina; Euzkadi Ta Askatasuna (ETA)-País Basco, Espanha; Al-Gama'a al-Islamiyya-Egito; Hezbollah-Líbano; Exército Vermelho-Japão; Partido dos Trabalhadores do Curdistão-Turquia; Trabalhadores da Libertação do Tamil Eelem

(LTTE)-Sri Lanka; Partido/Frente Revolucionária de Libertação Popular (DHKP/C)-Turquia; Movimento Revolucionário Tupac Amaru (MRTA)-Peru; Forças Armadas Revolucionárias da Colômbia; Al Qaiada-Afeganistão; Abu Nidal-Líbano; Abu Sayyaf-Filipinas.

Os EUA envolveram na guerra unidades celulares diaspóricas e fluidas. E a natureza da própria guerra mudou consideravelmente desde Pearl Harbor. Parafraseando o título do excelente livro de Manual de Landa: O que temos agora é "a guerra na era da tecnologia". Os Estados Unidos e o Ocidente, maioritariamente judaico-cristãos, armados com capital global, confrontam-se com uma rede internacional de terroristas nómadas, maioritariamente muçulmanos, armados com uma paixão feroz pela reparação de injustiças (sentidas), armas, facas, fundos robustos e aviões a jato transformados em mísseis letais. O mundo poderá ver-se confrontado com aquilo a que Samuel Huntington chamou o famoso "choque de civilizações". E ambos os lados estão armados com tecnologia. O terreno do primeiro é constituído por cidades digitais e o do segundo por desertos e montanhas, mas também por cidades digitais. Para citar o Procurador-Geral John Ashcroft, os ataques de 11 de setembro foram "ataques orquestrados e coordenados, conduzidos de forma tecnicamente competente". E, de facto, esta nova guerra pode ser uma nova guerra *fria*, se nos lembrarmos que os EUA viam o comunismo como uma conspiração internacional patrocinada pelo Estado. E as linhas de batalha desta nova guerra fria também serão fluidas, dispersas a nível mundial. Para citar um repórter do *The New York Times* de 7 de outubro de 2001: "O teatro de guerra pode ser uma caverna perto do Khyber Pass, um esconderijo em Hamburgo, um aeroporto em Kualar Lumpur, em qualquer parte do mundo." E, mais uma vez, nas novas máquinas do capital e da tecnologia, a informação reina suprema. Ouçam o Secretário da Defesa dos EUA, Ronald Rumsfeld, o velho guerreiro da guerra fria agora reequipado para a nova guerra fria: "Não vai ser um míssil de cruzeiro ou um bombardeiro que vai ser o fator determinante. Vai ser um pedaço de informação".

(Naquilo que muitos na Administração Bush e nos meios de comunicação social corporativos identificaram como a segunda grande frente desta guerra, o bioterrorismo do antraz, que terroristas nacionais ou internacionais - não é claro no momento em que escrevo qual - utilizaram contra funcionários e cidadãos americanos, está para além dos tópicos abordados neste livro: Embora a transformação do antrax do seu estado natural de bactéria em esporos que podem ser inalados, ingeridos ou contraídos na pele por seres humanos - por outras palavras, a transformação do antrax de bactéria em arma - envolva competências altamente técnicas e científicas, o livro não aborda o tema do capital e da tecnologia.)

E também parece que, nessa altura, nos EUA, não estávamos muito longe da Los Angeles de *Bladerunner* de Ridley Scott, se acreditarmos no que dizem os peritos em segurança após os acontecimentos de 11 de setembro.

Os especialistas em segurança descrevem um novo tipo de país, onde a identificação eletrónica poderá tornar-se a norma, os imigrantes poderão ser seguidos mais de perto e o espaço aéreo sobre cidades como Nova Iorque e Washington poderá estar interdito a aviões civis. Os especialistas em segurança dizem que a tecnologia apresenta possibilidades quase ilimitadas, incluindo cartões nacionais de identificação eletrónica. Cada americano poderia receber um "cartão inteligente", de modo que, ao entrar num aeroporto ou em qualquer outro lugar, saberíamos exatamente quem são", disse Michael G. Cherkasky, presidente da Kroll Inc., uma consultora de segurança. "A tecnologia existe", disse o Sr. Cherkasky. "Esses cartões na indústria vão se espalhar e, em seguida, serão rapidamente espalhados em outros lugares. Os cartões inteligentes, com chips informáticos, conteriam informações pormenorizadas sobre as pessoas a quem fossem emitidos e identificá-las-iam quando lidos por um computador. Os cartões seriam coordenados com as impressões digitais ou, dentro de alguns anos, com as caraterísticas faciais, e seriam programados para permitir ou limitar o acesso através de torniquetes a edifícios ou áreas. Poderiam rastrear a localização de alguém, transacções financeiras, antecedentes criminais e até a velocidade de condução numa determinada autoestrada numa determinada noite. A videovigilância, que já está a generalizar-se, poderá aumentar consideravelmente em lojas, escritórios e espaços públicos e em eventos públicos. Entretanto, a definição de perfis e a vigilância dos árabes e muçulmanos-americanos irá

certamente aumentar nos EUA, à semelhança do internamento

dos nipo-americanos depois de Pearl Harbor.

A guerra contra o terrorismo está imbuída de conotações

religiosas. George

W. Bush usou o termo "cruzada" de tempos a tempos para

descrever a guerra que a sua administração estava a planear. E as

palavras de Osama bin Laden na sua entrevista de 1998 a John

Miller, da ABC - que cito aqui em pormenor - ofereceram uma

janela sinistra para os acontecimentos de 11 de setembro de 2001:

A hostilidade que a América continua a manifestar contra o povo

muçulmano deu origem a sentimentos de animosidade por parte

dos muçulmanos contra a América e contra o Ocidente em geral.

Esses sentimentos de animosidade produziram uma mudança no

comportamento de alguns grupos esmagados e subjugados que,

em vez de combaterem os americanos dentro dos países

muçulmanos, passaram a combatê-los dentro dos próprios Estados

Unidos da América. As máquinas ocidentais e o governo dos

Estados Unidos da América são responsáveis pelo que pode

acontecer. Se os seus povos não querem ser prejudicados dentro dos seus próprios países, devem procurar eleger governos que sejam verdadeiramente representativos deles e que protejam os seus interesses... A verdade é que todo o mundo muçulmano é vítima do terrorismo internacional, engendrado pela América... Ninguém sabe como será o futuro da Terra. Mas uma coisa é certa: A vida na América mudou para sempre depois do 11 de setembro de 2001. As pessoas já estão a falar da América "pré-11 de setembro" e da América "pós-11 de setembro". Qualquer um pode adivinhar como será o futuro na Terra. Mas uma coisa é certa: A vida na América mudou para sempre depois do 11 de setembro de 2001. Já se fala da América "pré-11 de setembro" e da América "pós-11 de setembro"

América. Mais uma vez, como disse um professor amigo meu:

"A América descobriu os estrangeiros depois do 11 de setembro." Demorei algum tempo a perceber esta...

CAPÍTULO 8

A máquina das redes sociais

Os media sociais são ferramentas <u>mediadas por computador</u> que permitem às pessoas criar, partilhar ou trocar informações, ideias e imagens/vídeos em <u>comunidades</u> e <u>redes virtuais</u>. *Os meios de comunicação social* são definidos como "um grupo de aplicações baseadas na Internet que assentam nos fundamentos ideológicos e tecnológicos da <u>Web 2.0</u> e que permitem a criação e o intercâmbio de <u>conteúdos gerados pelos utilizadores</u>". Além disso, os media sociais dependem de tecnologias móveis e baseadas na Web para criar plataformas altamente interactivas através das quais os indivíduos e as comunidades partilham, co-criam, discutem e modificam conteúdos gerados pelos utilizadores. Introduzem mudanças substanciais e generalizadas na comunicação entre organizações, comunidades e indivíduos. Estas mudanças são o foco do campo emergente dos estudos tecnocientíficos.

Os meios de comunicação social são diferentes dos meios de comunicação tradicionais ou industriais em muitos aspectos, incluindo a qualidade, <u>o alcance,</u> a frequência, a facilidade de utilização, o imediatismo e a permanência. São muitos os efeitos decorrentes da utilização da Internet. De acordo com a Nielsen, os utilizadores da Internet continuam a passar mais tempo nos sítios das redes sociais do que em qualquer outro tipo de sítio. Ao mesmo tempo, o tempo total gasto nas redes sociais nos EUA em PC e dispositivos móveis aumentou 99% para 121 mil milhões de minutos em julho de 2012, em comparação com 66 mil milhões de minutos em julho de 2011. Para os contribuidores de conteúdos, os benefícios da participação nas redes sociais foram além da simples partilha social e passaram a construir uma reputação e a proporcionar oportunidades de carreira e rendimentos monetários, tal como referido em Tang, Gu e Whinston (2012).

Em 2014, a maior rede social é o Facebook e outras redes populares incluem o Twitter, o Instagram, o LinkedIn e o Pinterest.

Embora os meios de comunicação social tradicionais ofereçam uma variedade de oportunidades para as empresas de uma vasta gama de sectores de atividade, o sector económico dos meios de comunicação social móveis utiliza os seus aspectos de sensibilidade à localização e ao tempo para realizar pesquisas de marketing, comunicação, promoções de vendas/descontos e programas de desenvolvimento de relações/fidelidade.

Investigação de marketing: As aplicações móveis das redes sociais oferecem dados sobre os movimentos dos consumidores offline com um nível de pormenor até agora limitado às empresas online. Qualquer empresa pode agora saber a hora exacta em que um cliente entrou num dos seus pontos de venda, bem como os comentários feitos durante a visita.

<u>Comunicação</u>: A comunicação nas redes sociais móveis assume duas formas, a primeira das quais é empresa-consumidor, em que uma empresa pode estabelecer uma ligação com um consumidor com base na sua localização e fornecer críticas sobre locais próximos. O segundo tipo de comunicação é o conteúdo gerado pelo utilizador. Por exemplo, a McDonald's ofereceu cartões-presente de 5 e 10 dólares a 100 utilizadores selecionados aleatoriamente entre os que faziam check-in num dos seus restaurantes. Esta promoção aumentou os check-ins em 33% (de 2.146 para 2.865), deu origem a mais de 50 artigos e publicações em blogues e provocou várias centenas de milhares de feeds de notícias e mensagens no Twitter.

Promoções de vendas e descontos: Embora no passado os clientes tivessem de utilizar cupões impressos, as redes sociais móveis permitem que as empresas adaptem as promoções a utilizadores específicos em momentos específicos. Por exemplo, ao lançar o seu serviço Califórnia-Cancun, a Virgin America ofereceu aos utilizadores que fizeram o check-in através do Loop numa das três carrinhas de tacos Border Grill designadas em São Francisco e Los Angeles, entre as 11h00 e as 15h00 de 31 de agosto de 2010, dois tacos por 1 dólar e dois voos para o México pelo preço de um.

Desenvolvimento de relações e programas de fidelização: A fim de aumentar as relações a longo prazo com os clientes, as empresas podem criar programas de fidelização que permitem aos clientes que fazem check-in regularmente num local ganhar descontos ou vantagens. Por exemplo, a American Eagle Outfitters remunera esses clientes com um desconto escalonado de 10%, 15% ou 20% no total da compra. Comércio eletrónico: As aplicações móveis das redes sociais, como a Amazon.com e o Pinterest, estão a influenciar uma tendência ascendente na popularidade e acessibilidade do comércio eletrónico, ou compras online.

De acordo com o "The U.S. Digital Consumer Report" da Nielsen Company, quase metade (47%) dos proprietários de smartphones visitam diariamente as redes sociais através de aplicações móveis. Com a rápida adoção de dispositivos móveis, as redes sociais têm uma relação simbiótica com o consumidor móvel.

Distinção de outros meios de comunicação

As empresas de comércio eletrónico podem referir-se às redes sociais como meios de comunicação gerados pelo consumidor (CGM). Um fio condutor comum a todas as definições de redes sociais é a combinação de tecnologia e interação social para a co-criação de valor.

As pessoas obtêm informações, educação, notícias e outros dados através dos meios de comunicação electrónicos e impressos. Os meios de comunicação social distinguem-se dos meios de comunicação social industriais ou tradicionais, como os jornais, a televisão e o cinema, por serem comparativamente baratos e acessíveis. Permitem a qualquer pessoa (mesmo a particulares) publicar ou aceder a informações. Os meios de comunicação industriais requerem geralmente recursos significativos para publicar informações, uma vez que, na maioria dos casos, os artigos passam por muitas revisões antes de serem publicados.

Uma caraterística comum aos meios de comunicação social e aos meios de comunicação industrial é a capacidade de atingir pequenas ou grandes audiências; por exemplo, uma publicação num blogue ou um programa de televisão pode não atingir ninguém ou atingir milhões de pessoas. Algumas das propriedades

que ajudam a descrever as diferenças entre os meios de comunicação social e os meios de comunicação industrial são:

1. Qualidade: Na publicação industrial (tradicional) - mediada por um editor - a gama típica de qualidade é substancialmente mais estreita do que em nichos de mercado não mediados. O principal desafio colocado pelos conteúdos nos sítios das redes sociais é o facto de a distribuição da qualidade ter uma grande variação: desde artigos de muito boa qualidade até conteúdos de baixa qualidade, por vezes abusivos.

2. Alcance: Tanto as tecnologias dos media industriais como as dos media sociais proporcionam escala e são capazes de atingir uma audiência global. No entanto, os meios de comunicação industriais utilizam normalmente uma estrutura centralizada para a organização, produção e

disseminação, enquanto os meios de comunicação sociais são, pela sua própria natureza, mais descentralizados, menos hierárquicos e distinguem-se por múltiplos pontos de produção e utilidade.

3. Frequência: O número de vezes que um anúncio é apresentado em plataformas de redes sociais.

4. Acessibilidade: Os meios de produção dos meios de comunicação industriais são tipicamente governamentais e/ou empresariais (propriedade privada); as ferramentas dos meios de comunicação sociais estão geralmente disponíveis ao público a um custo reduzido ou nulo.

5. Usabilidade: A produção industrial de media requer normalmente competências e formação especializadas. Por outro lado, a maior parte da produção de media sociais requer apenas uma reinterpretação modesta das competências existentes; em teoria, qualquer pessoa com acesso pode operar os meios de produção de media sociais.

6. Imediatismo: O intervalo de tempo entre as comunicações produzidas pelos meios de comunicação industriais pode ser longo (dias, semanas ou mesmo meses) em comparação com as redes sociais (que podem dar respostas praticamente instantâneas).

7. Permanência: Os meios de comunicação industriais, uma vez criados, não podem ser alterados (uma vez que um artigo de revista é impresso e distribuído, não podem ser feitas alterações a esse mesmo artigo), ao

passo que os meios de comunicação social podem ser alterados quase instantaneamente através de comentários ou edição.

Os media comunitários constituem um híbrido de media industriais e sociais.

Embora sejam propriedade da comunidade, algumas rádios, televisões e jornais comunitários são geridos por profissionais e outros por amadores. Utilizam estruturas de media sociais e industriais.

As redes sociais também foram reconhecidas pela forma como alteraram o modo como os profissionais de relações públicas conduzem o seu trabalho. Proporcionaram uma arena aberta onde as pessoas são livres de trocar ideias sobre empresas, marcas e produtos. Como afirmam Doc Searls e David Wagner, duas autoridades sobre os efeitos da Internet no marketing, na publicidade e nas relações públicas, "As melhores pessoas nas relações públicas não são de todo do género. Compreendem que não há censores, são os melhores conversadores da empresa." As redes sociais proporcionam um ambiente onde os utilizadores e os profissionais de RP podem conversar e onde os profissionais de RP podem promover a sua marca e melhorar a imagem da sua empresa, ouvindo e respondendo ao que o público diz sobre o seu produto.

Efeitos da utilização das redes sociais para fins noticiosos

Tal como a televisão transformou uma nação de pessoas que *ouviam* conteúdos mediáticos em *espectadores* de conteúdos mediáticos, o aparecimento das redes sociais criou uma nação de <u>criadores de conteúdos mediáticos</u>. De acordo com dados de 2011 da Pew Research, quase 80% dos adultos americanos estão em linha e quase 60% deles utilizam sítios de redes sociais. São mais os americanos que recebem notícias através da Internet do que dos jornais ou da rádio, assim como três quartos que dizem receber notícias através de correio eletrónico ou de actualizações em sítios de redes sociais, de acordo com um relatório publicado pela CNN. O inquérito sugere que o Facebook e o Twitter tornam as notícias uma experiência mais participativa do que antes, uma vez que as pessoas partilham artigos noticiosos e comentam as publicações de outras pessoas. Segundo a CNN, em 2010, 75% das pessoas receberam as suas notícias através de correio eletrónico ou de publicações nas redes sociais, enquanto 37% das pessoas partilharam uma notícia através do Facebook ou do Twitter.

Nos Estados Unidos, 81% das pessoas dizem que procuram na Internet, em primeiro lugar, notícias sobre o tempo. As notícias nacionais são consultadas por 73%, as notícias desportivas por 52% e as notícias sobre entretenimento ou celebridades por 41%. Com base neste estudo, realizado para o Pew Center, dois terços dos utilizadores de notícias em linha da amostra tinham menos de 50 anos e 30% tinham menos de 30 anos. O inquérito envolveu o acompanhamento diário dos hábitos de 2.259 adultos com 18 anos ou mais.

33% dos jovens adultos recebem notícias das redes sociais. 34% viram notícias na televisão e 13% leram conteúdos impressos ou digitais. 19% dos americanos receberam notícias do Facebook, Google+ ou LinkedIn. 36% dos que recebem notícias das redes sociais obtiveram-nas ontem através de um inquérito. Mais de 36% dos utilizadores do Twitter utilizam contas para seguir organizações noticiosas ou jornalistas. 19% dos utilizadores dizem que obtiveram informações de organizações noticiosas ou de jornalistas. A televisão continua a ser a fonte de notícias mais popular, mas o público está a envelhecer (apenas 34% dos jovens). 29% dos jovens com menos de 25 anos afirmam não ter recebido notícias ontem, quer através de plataformas noticiosas digitais quer tradicionais. Apenas 5% dos inquiridos com menos de 30 anos afirmam seguir notícias sobre figuras e acontecimentos políticos em Washington. Apenas 14% dos inquiridos souberam responder às quatro perguntas sobre o partido que controla a Câmara dos Representantes, a taxa de desemprego atual, o país liderado por Angela Merkel e o candidato presidencial que favorece a tributação dos americanos com rendimentos mais elevados. O Facebook e o Twitter são atualmente os caminhos para as notícias, mas não substituem os meios de comunicação tradicionais. 70% das pessoas recebem notícias das redes sociais através de amigos e familiares no Facebook.

Para as crianças, a utilização de sítios de redes sociais pode ajudar a promover a criatividade, a interação e a aprendizagem. Pode também ajudá-las nos trabalhos de casa e nas aulas. Além disso, as redes sociais permitem-lhes manter-se em contacto com os seus pares e ajudá-los a interagir uns com os outros. Alguns podem envolver-se no desenvolvimento de campanhas de angariação de fundos e eventos políticos. No entanto, podem ter impacto nas competências sociais devido à ausência de contacto presencial. As redes sociais podem afetar a saúde mental dos adolescentes.

Os adolescentes que utilizam o Facebook com frequência e que são especialmente susceptíveis podem tornar-se mais narcisistas, anti-sociais e agressivos. Os adolescentes são fortemente influenciados pela publicidade, que influencia os seus hábitos de compra no futuro. Desde a criação do Facebook em 2004, este tornou-se uma distração e uma forma de perder tempo para muitos utilizadores. Os americanos passam mais tempo no Facebook do que em qualquer outro sítio Web nos Estados Unidos. De acordo com um estudo da Nielsen, o americano médio passa mais de 27 minutos por dia no site de redes sociais, através do computador e do telemóvel.

Num estudo recente realizado, foram examinados estudantes do ensino secundário com 18 anos ou menos, num esforço para descobrir as suas preferências em termos de receção de notícias. Com base em entrevistas com 61 adolescentes, realizadas entre dezembro de 2007 e fevereiro de 2011, a maioria dos participantes adolescentes referiu ler jornais impressos apenas "às vezes", com menos de 10% a lê-los diariamente. Em vez disso, os adolescentes referiram que se informam sobre os acontecimentos actuais através de sítios das redes sociais, como o Facebook, o MySpace, o YouTube e os blogues. Outro estudo mostrou que os utilizadores das redes sociais lêem um conjunto de notícias diferente do que os editores dos jornais apresentam na imprensa escrita.

Utilizando a nanotecnologia como exemplo, Runge et al. (2013) estudaram tweets do Twitter e descobriram que cerca de 41% do discurso sobre a nanotecnologia se centrava nos seus impactos negativos, o que sugere que uma parte do público pode estar preocupada com a forma como as várias formas de nanotecnologia serão utilizadas no futuro. Embora os tweets optimistas e neutros tivessem a mesma probabilidade de expressar certeza ou incerteza, os tweets pessimistas tinham quase o dobro da probabilidade de parecerem certos de um resultado do que incertos. Estes resultados implicam a possibilidade de uma perceção negativa preconcebida de muitos artigos noticiosos associados à nanotecnologia. Em alternativa, estes resultados também podem implicar que as publicações de natureza mais pessimista, que também são escritas com um ar de certeza, têm maior probabilidade de serem partilhadas ou de penetrarem em grupos no Twitter. É necessário ter em conta preconceitos semelhantes quando se aborda a utilidade dos novos meios de comunicação social, uma vez que o potencial

para a opinião humana enfatizar excessivamente qualquer notícia em

particular é maior, apesar da melhoria geral na abordagem da incerteza

potencial e do preconceito nos artigos noticiosos do que nos meios de

comunicação social tradicionais.

No dia 2 de outubro de 2013, a hashtag mais comum em todo o país foi

"#govemment shutdown", bem como outras centradas em partidos

políticos, Obama e cuidados de saúde. A maioria das fontes noticiosas tem

páginas no Twitter e no Facebook, como a CNN e o New York Times, que

fornecem hiperligações para os seus artigos online, aumentando o número

de leitores. Além disso, várias organizações noticiosas e administradores de

faculdades têm páginas no Twitter como forma de partilhar notícias e

estabelecer contacto com os estudantes. De acordo com o "Reuters Institute

Digital News Report 2013", nos EUA, entre os que utilizam as redes

sociais para encontrar notícias, 47% dessas pessoas têm menos de 45 anos

e 23% têm mais de 45 anos. No entanto, as redes sociais como principal

meio de acesso às notícias não seguem o mesmo padrão em todos os países.

Por exemplo, neste relatório, no Brasil, 60% dos inquiridos afirmaram que

as redes sociais eram uma das cinco formas mais importantes de encontrar

notícias em linha, 45% em Espanha, 17% no Reino Unido, 38% em Itália,

14% em França, 22% na Dinamarca, 30% nos EUA e 12% no Japão. Além

disso, existem diferenças entre os países no que diz respeito a comentar notícias nas redes sociais. 38% dos inquiridos no Brasil afirmaram comentar notícias numa rede social numa semana. Essas porcentagens são de 21% nos EUA e 10% no Reino Unido. Os autores argumentaram que as diferenças entre os países podem dever-se a diferenças culturais e não a diferentes níveis de acesso a ferramentas técnicas.

História e efeitos de memória

Os meios de comunicação social e o jornalismo televisivo têm sido fundamentais para a formação da memória colectiva americana durante grande parte do século XX. De facto, desde a era colonial dos Estados Unidos, os meios de comunicação social têm influenciado a memória colectiva e o discurso sobre o desenvolvimento e o trauma nacionais. Em muitos aspectos, os principais jornalistas mantiveram uma voz de autoridade como contadores de histórias do passado americano. As suas narrativas de estilo documental, as suas exposições pormenorizadas e as suas posições no presente fazem deles fontes privilegiadas de memória pública.

Especificamente, os jornalistas dos meios de comunicação social moldaram a memória colectiva sobre quase todos os grandes acontecimentos nacionais - desde a morte de figuras sociais e políticas até à progressão de candidatos políticos. Os jornalistas fornecem descrições elaboradas de eventos comemorativos da história dos EUA e de sensações culturais populares contemporâneas. Muitos americanos aprendem o significado dos acontecimentos históricos e das questões políticas através dos media noticiosos, tal como são apresentados nas estações de notícias populares. No entanto, a influência jornalística está a perder importância, ao passo que as redes sociais, como o Facebook, o YouTube e o Twitter, proporcionam aos utilizadores uma oferta constante de fontes de notícias alternativas.

À medida que as redes sociais se tornam mais populares entre as gerações mais velhas e mais novas, sítios como o Facebook e o YouTube vão gradualmente minando as vozes tradicionalmente autorizadas dos meios de comunicação social. Por exemplo, os cidadãos americanos contestam a cobertura mediática de vários acontecimentos sociais e políticos, inserindo as suas vozes nas narrativas sobre o passado e o presente dos Estados Unidos e moldando as suas próprias memórias colectivas. Um exemplo disto é a explosão pública do tiroteio de Trayvon Martin em Sanford, na Florida. A cobertura mediática do incidente foi mínima até que os utilizadores das redes sociais tornaram a história reconhecível através da sua constante discussão sobre o caso. Cerca de um mês após o tiroteio fatal de Trayvon Martin, a sua cobertura em linha por americanos comuns atraiu a atenção nacional dos jornalistas dos principais meios de comunicação social, exemplificando, por sua vez, o ativismo dos meios de comunicação social. De certa forma, a divulgação deste trágico acontecimento através de fontes noticiosas alternativas é semelhante à de Emmitt Till - cujo assassínio se tornou uma história nacional depois de ter circulado em jornais afro-americanos e comunistas. As redes sociais também influenciaram a atenção generalizada dada aos surtos revolucionários no Médio Oriente e no Norte de África em 2011. No entanto, existe algum debate sobre a medida em que os media sociais facilitaram este tipo de mudança. Outro exemplo desta mudança é a atual campanha Kony 2012, que surgiu primeiro no YouTube e, mais tarde, atraiu grande atenção dos jornalistas dos principais meios de comunicação social. Estes jornalistas monitorizam agora os sítios das redes sociais para informar as suas reportagens sobre o movimento. Por último, nas duas últimas eleições presidenciais, a utilização de sítios de redes sociais como o Facebook e o Twitter foi utilizada para prever os resultados eleitorais. O Presidente dos EUA, Barack Obama, foi mais apreciado no Facebook do que o seu opositor, Mitt Romney, e um estudo efectuado pelo Oxford Institute Internet Experiment revelou que mais pessoas gostavam de tweetar sobre comentários do Presidente Obama do que de Romney.

Resumidamente, é uma questão em aberto se as redes sociais são libertadoras ou se são apenas mais uma peça das máquinas do capital e da tecnologia para nos escravizar a todos na Terra.

BIBLIOGRAFIA

Eric Alliez, *Les Temps capitaux* (Paris: Editions de Cerf, 1992).

Gilles Deleuze, *Mille Plateaux* (Paris: Editions de Minuit, 1980).

Cinema I (Paris: Editions de Minuit, 1984).

Cinema II (Paris: Editions de Minuit, 1985).

Pico Iyer, *Global Souls: Jetlag. Shopping Malls, and the Search for Home* (Nova Iorque: Knopf, 2000).

Robert Kaplan, *The Coming Anarchy* (Nova Iorque: Random House, 2000).

Paul Virilio, *La Vitesse de la liberation* (Paris: Editions de Galilee, 1995)

I want morebooks!

Buy your books fast and straightforward online - at one of world's fastest growing online book stores! Environmentally sound due to Print-on-Demand technologies.

Buy your books online at
www.morebooks.shop

Compre os seus livros mais rápido e diretamente na internet, em uma das livrarias on-line com o maior crescimento no mundo! Produção que protege o meio ambiente através das tecnologias de impressão sob demanda.

Compre os seus livros on-line em
www.morebooks.shop

Printed by Books on Demand GmbH, Norderstedt / Germany